CB023991
UM NOVO MUNDO
DIGITAL
UMA AVENTURA SOBRE O COMPORTAMENTO SOCIAL
EM UM MUNDO REPLETO DE MUDANÇAS TECNOLÓGICAS
E INOVAÇÕES DIGITAIS

Catalogação na Fonte
Elaborado por: Josefina A. S. Guedes
Bibliotecária CRB 9/870

M386n
2022

Martins Junior, Antonio Sergio
Um novo mundo digital: uma aventura sobre o comportamento social em um mundo repleto de mudanças tecnológicas e inovações digitais / Antonio Sergio Martins Junior. - 2. ed. - Curitiba: Appris, 2022.
136 p. 21 cm.

Inclui referências.
ISBN 978-65-250-3501-7

1. Ficção brasileira. 2. Inovações tecnológicas. 3. Redes sociais. I. Título. II. Série.

CDD – 869.3

Appris editora

Editora e Livraria Appris Ltda.
Av. Manoel Ribas, 2265 – Mercês
Curitiba/PR – CEP: 80810-002
Tel. (41) 3156 - 4731
www.editoraappris.com.br

Printed in Brazil
Impresso no Brasil

Antonio Sergio Martins Junior

UM NOVO MUNDO DIGITAL

UMA AVENTURA SOBRE O COMPORTAMENTO SOCIAL EM UM MUNDO REPLETO DE MUDANÇAS TECNOLÓGICAS E INOVAÇÕES DIGITAIS

Segunda edição revista e ampliada

FICHA TÉCNICA

Primeiramente, dedico esta obra a Deus, que me dá sabedoria, forças, sustento e motivo para viver. Dedico também à minha filha, Rebeca, que me faz sonhar e viver em um mundo delicioso de fantasias e muitas aventuras. À minha esposa, Juliana, por ser minha companheira e me dar amor e apoio nas horas mais difíceis.

AGRADECIMENTOS

Agradeço muito aos meus pais, Antonio e Maura, que pelo amor, cuidado e muito esforço me direcionaram na vida e deram oportunidade aos estudos que hoje me orientam como um cidadão. Ao Prof. Dr. Francisco Ignácio Giocondo César, do mestrado da Unicamp do campus Limeira e do IFSP Piracicaba, que, ao compartilhar comigo o seu conhecimento, presenteou-me novas e incríveis possibilidades de crescimento. Ao Prof. Dr. Marco Coghi, do mestrado da Unicamp do campus Campinas e da FGV São Paulo, que me abriu portas para os estudos na Unicamp, que foi a grande oportunidade para desenvolvimento deste livro. Agradeço também ao Pr. Flávio Braga Faccio, IPI de Vila Palmeiras, pelas ricas e longas conversas, que me incentivam nos estudos dos assuntos que foram abordados aqui neste livro. E às pessoas que permitiram que eu fizesse parte de suas vidas, elas foram fonte de inspiração no desenvolvimento desta obra.

Devo admitir, porém, que de vez em quando, em minhas primeiras tentativas, considerei o robô como pouco mais do que uma figura cômica. Imaginei-o uma criatura completamente inócua, dedicada apenas ao trabalho a que era destinada.

(Isaac Asimov)

APRESENTAÇÃO

Nesta obra, quero demonstrar os impactos e as razões do uso da tecnologia digital na vida das pessoas.

Foi desta forma que procurei encantar a sua imaginação, oferecendo profundos conhecimentos sobre os assuntos que cercam o uso de robôs, a digitalização do mundo e o uso das redes sociais.

Quando pensamos melhor sobre esses assuntos, abrimos portas para novas oportunidades em nossa vida numa sociedade cada dia mais dependente da tecnologia digital.

Por isso, a trama deste livro demonstra que a *Internet*, os *smartphones* e as redes sociais não são mais as únicas inovações que a humanidade criou.

Esta é uma aventura que ensina de forma envolvente e aprofundada outras ferramentas digitais que fazem parte de uma nova fase da vida, que se fundiu entre o digital, o biológico e o físico, transformando a maneira como a humanidade está escrevendo a sua história.

SUMÁRIO

INTRODUÇÃO

É manhã em São Paulo, o *smartphone* toca incessantemente, Rebeca não o atende. Lucas fica desesperado por causa do compromisso que os dois tinham na escola:

— Alô! Rebeca, não acredito que você está dormindo? Atende este celular! — Esbraveja o adolescente ao deixar o recado na caixa postal.

De repente, chegou uma mensagem instantânea: "Oi, Lucas, acabei de sair do banho. Me espera? Em cinco minutos fico pronta... me espera no portão... beijo."

Lucas responde com outra mensagem: "Meu, se você pode me chamar por mensagem, por que não atende? Não seria mais fácil do que digitar? Que mania a sua!".

Rebeca lê, dá uma risada, dessas bem gostosas, da resposta do rapaz, clica o *play* no *setlist* para ouvir uma música enquanto se troca:

Eu ando na rua, sob o sol ou a lua

As músicas que eu curto

Me fazem pensar.

Os carros e os homens e o cheiro do ar

A sua presença me faz sonhar...

(Você, eu e a rua, Antonio Sergio Martins Junior)

Cada vez que o seu *smartphone* tocava, ela imaginava que um dia poderia interagir com o mundo de alguma forma diferente. Como se pudesse atender à ligação conversando com a imagem de uma pessoa de corpo inteiro, um holograma, ou fazer um teletransporte, ou qualquer outra forma como nesses filmes de ficção científica.

Com a sua fértil imaginação, podia ver além do que as outras pessoas enxergavam. Ela podia perceber as mudanças que estavam nas tecnologias e o poder que aplicativos davam às suas mãos.

Via também as telas dos computadores com os sistemas embarcados nos automóveis de última geração, que poderiam ser guiados de forma autônoma, as televisões conectadas à *Internet*, que a convidavam para fazer as suas compras e para compartilhar os dados em nuvem das milhões de informações que estavam gerando.

Um dia descobriu que o ser humano gerou mais informação nestas últimas duas décadas do que em milhares anos de sua existência.

Ela perguntava para todo mundo:

— Já pensou nessas coisas novas? Que incrível!

Mas, percebia que poucas pessoas se interessavam.

Ela percebeu que a tecnologia saiu da caixinha preta dos computadores *desktop* e se transformou com o uso do *marketing* digital e o estudo dos dados de navegação dos *sites*, em *interfaces* que simulavam os comportamentos humanos, que foram motivadas pelas necessidades dos consumidores, do mercado e de uma sociedade que produziu essas mudanças durante a sua evolução em quatro revoluções industriais.

Rebeca falava em voz alta:

— Nossa, em toda história só foi preciso de quatro mudanças para existir tudo isso?

Os seus amigos da classe olhavam para ela como se fosse uma alienígena e reclamavam todos juntos: "Haaaa... Lá vem a Rebeca e as suas perguntas! Deixa o professor falar, Rebeca".

E tudo isso trazia em seu pensamento enormes desejos de adquirir todas essas incríveis possibilidades materiais e de aprendizado.

Mas, ao mesmo tempo, entristecia-se quando via que muitas outras pessoas estavam perdendo o bonde da história, pois não percebiam o que estava acontecendo. Dizia:

— Elas precisam perceber logo, porque o tempo não para.

Por causa disso, viu-se em uma crise existencial. Construiu em sua cabeça muitas questões que faziam parte desse mundo digital — um mundo gêmeo e paralelo ao seu.

Isso mesmo, um mundo gêmeo *digital*.

Ela levanta a mão e pergunta para o professor:

— As tecnologias que estão transformando o mundo estão causando impactos nas vidas das pessoas? E como estão se saindo as pessoas que não estão se adaptando a esta nova era digital?

Não tinha jeito de parar a sua curiosidade. Os amigos já estavam acostumados, e, mesmo assim, não perdiam a oportunidade de tirar sarro da cara dela — mas todos a amavam. Rebeca era uma dessas moças populares.

Um dia abriu um livro — desses de administração de empresas — na página que o professor indicou. O material oferecia um banquete farto de informações, dentre elas havia a seguinte afirmação: "Muitas pessoas utilizam formas de trabalho que não estão aderentes a essa nova era do conhecimento e não conseguem acompanhar as novas demandas do mercado, muito menos ajudam as suas empresas na questão de produzir inovação para satisfazer as necessidades dos consumidores. Muitos líderes de empresas só percebem que as mudanças já estão acontecendo no momento em que estão perdendo as oportunidades de negócio, quando a receita cai, a carteira de clientes diminui e o desespero bate na porta".

Durante a leitura, percebeu que as pessoas, ao contrário de mudar a forma de trabalho, faziam as mesmas coisas esperando melhores e diferentes resultados.

Rebeca descobriu também que a tecnologia digital poderia ajudar nesse contexto e disse para si:

— Quero inovar, usar uma forma didática diferente para ensinar as pessoas sobre a tecnologia digital e mostrar que o mundo mudou.

E ela resolveu então ajudá-las e, com isso, acabou descobrindo muitas outras coisas interessantes:

— Mas, como posso mostrar para os outros? Onde estão os exemplos que posso utilizar, visto que estamos todos presos entre o mundo analógico e o mundo digital? Será que com essa passagem vamos perder o conceito de um mundo real?

Antes, Rebeca achava que eram pensamentos tolos e sem nenhum sentido, de repente descobriu que não são.

Naquele momento, pulou para fora do livro e voltou para si. Olhou para a televisão do seu quarto, e estava passando o canal de propaganda do fornecedor de televisão por assinatura. Dois apresentadores estavam ensinando aos seus clientes que o uso das redes sociais e os canais virtuais são de suma importância para tornar a comunicação mais efetiva com a empresa e, por mais que o uso das redes sociais fosse uma prática normal, essa iniciativa mostrava que as pessoas precisam ser lembradas disso o tempo todo.

Rebeca retrucou, como se pudesse falar com eles:

— Mas, as pessoas não sabem disso? Precisam ser lembradas de que o *smartphone* existe? Que desperdício de tempo! É, as redes sociais ganharam a luta contra o telefone.

Um dos apresentadores disse:

— O nosso canal quer ajudar você, prezado cliente, a utilizar os nossos produtos mais facilmente. Além disso, também queremos conhecer as suas necessidades.

Rebeca lembrou que até pouco tempo recebia na sua casa uma revista com a programação do mês e as recomendações do canal, e ela completa o seu raciocínio:

— Ah! Agora a programação está no aplicativo e no *site*.

No entendimento dela, as empresas mais bem-sucedidas, independentemente de serem grandes ou de pequeno porte, aprenderam a não usar o *achismo* em suas estratégias ou fazer vista grossa aos problemas.

Muito pelo contrário, essas empresas investem fortemente em canais digitais e comunicação para a análise dos dados e, assim, conseguem aumentar a qualidade do relacionamento com os seus clientes.

A garota volta o olhar novamente ao livro e lê em voz alta:

— "Em um mundo tão globalizado, a transformação digital tem impactado o ambiente empresarial, ao diminuir as distâncias e as fronteiras no mundo dos negócios desde a Primeira Guerra Mundial".

Em seus estudos na faculdade, ela pôde constatar que a globalização é um processo de interação econômica que abrange os termos sociais e culturais entre todas as regiões do planeta e atinge toda a estrutura na qual a sociedade está organizada e o papel de cada cidadão no contexto em que ele vive.

Para ela, a tecnologia encaixa-se perfeitamente no mundo globalizado, porque pode gerar oportunidades incríveis de desenvolvimento de novos produtos, negócios e aprendizado nas empresas.

Ela leu nesse mesmo artigo que a globalização tem a sua história muito antes da era das descobertas e viagens ao *Novo Mundo* pelos europeus, alguns até mesmo traçam suas origens no terceiro milênio a.C.

Para a moça, esse assunto é importante pelo impacto sistemático e crescente nas finanças globais e na evolução da tecnologia. Tornou a ler em voz alta: "Este aspecto se faz presente no rumo dos negócios desde a década de 1980, em especial a partir da década de 1990. Desde os anos 2000, o Fundo Monetário Internacional (FMI) identificou os aspectos básicos para a globalização: comércio e transações financeiras, movimentos de capital e de investimento, migração e movimento de pessoas e a disseminação de conhecimento. Também incluiu os problemas ambientais, como a mudança climática, a poluição do ar e o excesso de pesca do oceano."

Também leu: "[...] que a chegada da globalização no Brasil se deu com a imigração dos europeus — muitos autores citam que a globalização moderna ocorreu a partir de 1990, com a sua consolidação mundial — e gerou impactos importantes em todo mundo, e o fez também na economia brasileira. Seu maior reflexo foi na adoção de modelos econômicos em que o Estado tem uma intervenção menor nos rumos da economia e deixa essa função para o comércio nacional e internacional. A globalização trouxe ao Brasil os novos patamares comerciais que o mundo passou a adotar e o transformou em um país mais qualificado e em desenvolvimento econômico; e esses novos aspectos da globalização foram muito importantes para o surgimento de novos tipos de organizações multinacionais, trouxeram com elas um mercado mais diversificado e em franco crescimento, o que consolidou o mercado de consultorias de tecnologia."

Já com muito sono, Rebeca olhou para o restante da matéria da prova de Macroeconomia, que iria acontecer no outro dia, e notou que havia mais um pequenino trecho para estudar.

Por isso, continuou a ler com muito alívio: "A evolução tecnológica está ligada diretamente às revoluções da indústria, que se iniciaram em 1760, com uma maior evolução de tecnologias industriais ocorrendo entre 1820 e 1840 e com o acontecimento da Segunda Guerra Mundial. A partir da Inglaterra, espalhou-se pela Europa Ocidental e chegou aos Estados Unidos com poucos porém importantes avanços tecnológicos: têxtil com a fiação mecanizada, fabricação do ferro forjado, invenção das máquinas-ferramenta e as máquinas a vapor."

Rebeca continua o raciocínio na leitura: "Desde o seu início, a globalização ocorreu numa evolução gradual e lenta, que deu base a toda a tecnologia que vemos atualmente. A partir da Terceira Revolução Industrial, houve muitas mudanças digitais impactantes nas organizações. Hoje, na Quarta Revolução Industrial, estamos vivendo em nossas casas uma era que está fundindo os mundos físico, biológico e digital; esse é o advento da *Indústria 4.0* que inaugura a *Quarta Revolução Industrial*."

Ainda em seu pensamento: "Portanto, as diversas mudanças socioeconômicas forçaram as empresas a acompanhar novas demandas por diversos tipos de prestação de serviço e produção. É nesse cenário evolutivo tecnológico que as empresas atuam a partir de 2010. Elas foram obrigadas a buscar especialização e novos conhecimentos para aproveitar as oportunidades do mercado."

Nesse momento, Rebeca se viu muito cansada, porém satisfeita por ter finalizado todo esse estudo.

Fechou o livro, desligou o seu abajur e a televisão, e disse para si mesma:

— Uau! Que matéria interessante. São muitas as mudanças que estão chegando nas casas em todo o mundo.

A garota cobriu-se com o cobertor, virou para o lado e dormiu profundamente, sem saber que estava começando a maior aventura de sua vida.

MOD REVIVAL DIGITAL

Era dia 14 de janeiro de 2015, e Rebeca abriu mais uma vez o seu perfil nas redes sociais. Seu perfil era cuidadosamente editado e tinha muitos seguidores, com postagens diárias de vários conteúdos.

Ela iniciou uma nova publicação, mas não era uma coisa qualquer, pois era o dia do seu aniversário.

Cada foto e cada texto identificava a sua personalidade *rock* digital. Apesar de ser uma *Millennial*, tinha uma alma *Geração X*, porém somada aos gostos digitais de sua época. Por isso, ela se identificava com uma mistura muito boa das gerações anteriores. Talvez por causa das influências de seus pais e seu irmão, era uma jovem muito diferente dos outros.

O resultado dessa mistura foi uma "*moddigitaltober*", que passeava entre as canções brasileiras: *punk rock, new wave, mod revival*, anos 80; e apesar da idade tão tenra, ela não era levada pelas modinhas das redes sociais.

Gostava das coisas mais influenciadoras que ocorreram na sociedade. Ela fazia a sua própria assinatura de vida, fazia questão de viver uma vida saudável e acreditava em Deus.

Todos esses predicados faziam dela uma garota singular, e era visível sua inigualável personalidade digital, que deu passagem para um mundo gêmeo *digital*.

Ela tinha seus próprios valores, pensamentos, formas de se vestir e viver. Escolhia com muita opinião os seus programas de televisão — e não era qualquer pessoa que aceitava as suas colocações.

Gostava de andar pela cidade de São Paulo sempre lendo alguma coisa ou ouvindo músicas e, muitas vezes, fazia tudo ao mesmo tempo.

A vida dela florescia, e o tempo ia passando muito devagar, de alguma forma parecia que a cada dia que passava ela voltava a viver tudo de novo.

Ela dizia:

— O rock e a leitura me fazem voltar no tempo. — Rebeca descobriu a sua *máquina do tempo*.

Vivia com um olhar no futuro, descobrindo muitas coisas novas. Muitas vezes, acontecia uma descoberta de alguma coisa que já era antiga, mas, para ela, era uma novidade.

Ela repetia uma frase que deixava seus pais malucos:

— Eu faço o meu próprio mundo pessoal.

Por outro lado, o tempo passava sem pedir licença, e ela entendia que precisava aprender mais da vida.

Por isso, decidiu que queria saber de tudo sobre as coisas que gostava, percebeu que nada sabia e tinha muita coisa para aprender.

Constantemente, ela fazia para si algumas questões enigmáticas:

— Como será o meu futuro? Será que dá para criar um algoritmo de computador que consiga realizar uma análise preditiva das nossas vidas? Talvez pudéssemos criar modelos de dados que nos apontassem o que pode acontecer se continuarmos a fazer as coisas da forma que estamos fazendo. Isso poderia nos ajudar a prever o futuro! Será uma loucura o que eu estou pensando?

Ela continua com os seus questionamentos internos:

— Se um grupo de 25 amigos comem pastel toda segunda-feira na hora do almoço, o pasteleiro pode contar com essa demanda de pastéis semanalmente e adiantar a produção para não ser pego de surpresa nesse dia da semana. Mas, se durante três semanas eles não comprarem mais os pastéis, o pasteleiro pode assumir que essa demanda não será mais comprada. Assim, ele passou a programar o seu trabalho com mais organização. Podemos dizer, então, com esse exemplo, que o pasteleiro estruturou seus dados e os usou para programar as suas vendas. Isso mostra a importância da análise e da engenharia de dados, que têm transformado a tecnologia digital.

A sua mãe dizia que ela já era uma mulher feita e precisava tomar jeito na vida, e Rebeca respondia para a mãe com uma canção da sua banda preferida:

Cada vez que eu chego em casa,

Me lembro da sua cara.

Se hoje eu obedeço, sei que ainda tenho o meu berço.

*Mas já escrevo a minha vida para eu mesmo can-
tar depois.*

(Eu mesmo depois, Antonio Sergio Martins Junior)

— Mãe, se já escrevo a minha vida, não seria para eu mesma a cantar depois? Sou uma pessoa como outra qualquer, tenho dias de paz e dias de luta.

Realmente, era uma pessoa especial: ela era *rock, mod, nerd, punk,* romântica, digital, politizada e religiosa. Dessas de usar óculos grandes e quadrados e, ao mesmo tempo, linda de se ver, seus cabelos castanhos claros brilhavam quando batia o sol.

Era intensa, fantasiosa, grande demais para o mundo que seus pais poderiam dar para ela, por isso eles temiam uma coisa. Seu pai comentava em casa:

— E se ela tomar o mundo e for embora para longe da gente?

Ficavam claras as muitas possibilidades que ela mesma criava:

Ela tomava toda a cidade para si,

ia de São Paulo a Madri.

Ainda não ia tão longe,

mas podia olhar para longe.

(Olhar para longe, Antonio Sergio Martins Junior)

Ela cantava a música com um tom de orgulho, bem baixinho, misturado com o medo de ceder em cortar o cordão umbilical.

Para seus pais, não havia quem poderia segurar o amor de Rebeca para com a vida, havia um conflito de amores em sua vida.

Ela vivia esse amor misturado com uma saudável posse de seus pais. Sabia que esse medo deles era inútil, porque, ao mesmo tempo, estava presa ao mundo que eles criaram — como todo jovem adolescente, havia uma ansiedade por novas descobertas.

Por isso, ouvia incansavelmente aquela canção da sua banda preferida, que enchia o seu espírito e deixava clara a sede da moça em viver a própria vida.

Um dia, ela deixou um bilhete colado no espelho do seu quarto, o qual trazia a letra daquela outra música:

Quantas vezes eu terei que mudar o rumo da minha vida?

A incansável busca de um caminho estável e feliz,

Às vezes soa impossível de ter um dia.

Os meus sonhos, um dia eu terei,

Enquanto isso, a vida acontece como nunca a planejei...

(A vida que eu não planejei – Antonio Sergio Martins Junior)

Mas, esse não era um bilhete de despedida, tampouco um recado para seus pais, era um recado para ela mesma — não era de deixar recados; se preciso, falava na cara.

Era apenas o modo que criava para olhar para fora da sua caixa. Usava as letras das músicas, os seus textos sobre os assuntos preferidos e as suas redes sociais para criar seu mundo e viver a própria vida.

Tinha muitos amigos, mas um era especial, que não via há muito tempo.

O Lucas era um amigo de infância, desses que nas histórias dos filmes se tornava seu namorado para o resto de toda vida.

E como nessas histórias, chegou o momento que ele foi para longe, morar em outro lugar. Rebeca deixou um bilhete para ele que dizia: "Por que isso sempre acontece nas histórias?". E ele respondeu com uma canção, dessas para deixar saudades:

Meu amor, eu estou indo embora,

E precisa ser agora.

Sinto muito, mas ainda não tomo as minhas próprias decisões.

Amanhã, quem sabe, eu volto,

Por isso te deixo a minha foto.

Eu queria ficar com você,

Um dia, quem sabe, a gente se vê.

(A gente se vê – Antonio Sergio Martins Junior)

Mas, diferentemente das histórias de contos de fadas, ela o esqueceu, trocou o rapaz pela vida que ela estava escrevendo para si mesma. É, isso foi inevitável.

A sua vida ainda estava nas mãos dos seus pais, mas o seu futuro pertencia a Deus, e ela fazia as suas escolhas para a vida.

NÃO ERA UM DIA COMO OUTRO QUALQUER

O dia começou tocando uma música do *playlist* do *smartphone* da Rebeca:

Um fio de cabelo se foi,

Mais um ano de vida também.

Mais uma era, me lembro,

Tentando esquecer de você.

A cidade agitada é a minha festa,

Mais um ano se foi sem te vê.

(Mais um ano se foi – Antonio Sergio Martins Junior)

Ah! Era aniversário da Rebeca, e como ela fazia todo ano desde a sua consciência, se permitiu ousar e se lembrar do amigo Lucas, que foi embora.

Colocava aquela música que assumia que a sua banda preferida fez especialmente para ela.

No começo, seus pais ficavam loucos, mas foram se acostumando com o tempo. Todo ano, no dia do seu aniversário, eles já esperavam a música inaugurando o melhor dia das suas vidas daquele ano.

Mas, que mal havia nisso?

Ela colocava a música em um volume tão alto que estalava as paredes da casa. Fazia parte desse dia, tanto que de manhã seus pais nem eram mais pegos de surpresa. Eles se programavam para acordar antes da música começar.

Obviamente, essa era a data que constava no jornal que Jorge estava lendo. Ela era um motorista de táxi com mais de 50 anos de experiência.

Jorge ainda lia jornal impresso e Rebeca reclamava diariamente com ele:

— Pai, olha aqui esta carta, sua assinatura pode ir para o digital. Jornal impresso hoje em dia, pai? E olha que estão te oferecendo até desconto. Você já viu?

Bastava apenas um olhar feio de Jorge para a moça se colocar em seu lugar de filha. Afinal, onde já se viu dar bronca no pai?

Aí era ele quem dizia:

— Ai da minha paciência. Além dessa música alta e dessa moça sem noção, agora não se fala de outra coisa. Olha esta matéria: "Os constantes atritos políticos e comerciais entre os Estados Unidos e a Inglaterra contra os avanços comerciais da China fizeram com que a Rússia entrasse em uma briga política que convergiu para os fins militares".

A matéria contava o histórico mundial das mudanças que estavam acontecendo no mundo: "A luta comercial que as maiores potências travaram gerou nos últimos anos a maior mudança geoeconômica e político-militar que o mundo passou desde a Primeira Guerra Mundial. Nos últimos cinco anos, a *Guerra dos Quatro Poderes* gerou custos exorbitantes em bilhões de dólares, vidas, força política e comercial. Países como o Brasil, que antes eram emergentes e de terceiro escalão, passaram a ter o maior poder geopolítico no mundo por causa das possibilidades de implantação de mão de obra digital e robótica autônoma. Os quatro grandes e antes poderosos países falidos se tornaram a gentalha decadente mundial."

Foi tão grande a instabilidade e queda do dólar que fez com que no mundo dos negócios fossem adotadas as *criptomoedas* — que são moedas digitais usadas como um meio de troca pela *Internet*.

A dificuldade inicial de se implantar e usar tal moeda virtual estava em se identificar qual seria o seu lastro. Para resolver este problema, deveriam encontrar uma solução como a que foi adotado pelas nações, ao assumir o PIB como o lastro para as suas moedas. Foi apenas uma questão de tempo para se fazer tal identificação e assegurar que o mundo dos negócios pudesse se sentir mais seguro com a própria tecnologia. Nesse sentido, os investimentos em tecnologia de *cibersegurança* se transformaram no lastro que garantia valor e confiança para o uso das tais moedas digitais.

O lastro, orientado pela *cibersegurança* das moedas virtuais, tornou-se muito evidente por tomar carona nos investimentos públicos e privados contra os ataques virtuais que cresceram enormemente nos últimos anos e estavam derrubando os megamuros tecnológicos das grandes empresas. Esse aspecto da segurança, garantido pela tecnologia, fez com que os sistemas de multiplataformas de serviços ganhassem muita confiança do mercado financeiro e econômico mundial, enquanto os processos de segurança bancários, diante dos inúmeros ataques *hackers*, clonagens e invasões de *smartphones* em aplicativos que estão na mão do cliente, entraram na percepção de desconfiança do público, pois as crescentes queixas dos clientes aos valores tomados pelos criminosos, em casos em que os bancos não os devolveram com a desculpa do mau uso dos parâmetros de segurança que estavam no ambiente pessoal do cliente, perderam o valor de mercado.

Enquanto isso, os bancos digitais passaram a integrar aos seus serviços a segurança sistêmica das moedas virtuais com o uso do *blockchain*.

Essas moedas utilizam a tecnologia de *blockchain* e de *criptografia* para realizar a validação das transações e para criar unidades da moeda, que obriga o usuário a usar uma senha individual para acessar as informações que outra pessoa disponibilizou com autorização.

Esse processo criou uma moeda extremamente segura e confiável em termos de utilização, roubo e rastreabilidade. Com todas essas qualidades, as moedas digitais foram usadas como fonte de riqueza no mundo todo no momento da queda do dólar.

É claro que existiram forças comerciais e políticas que guiaram o mundo para a queda dessas quatro potências e fizeram com que as maiores empresas e bancos desses países fechassem as suas portas. Os poucos investidores que sobraram buscaram no Brasil um porto seguro para realizar os seus altos investimentos.

A partir do ano de 2013, o Brasil passou a ser uma das maiores potências comerciais de tecnologia, com a entrada da cidade de São Paulo no mundo das cidades inteligentes digitais. Mas, com todas essas mudanças e instabilidade, com a desculpa de se manter a raça humana a salvo da decadência, uma mudança de urgência transformou a Organização das Nações Unidas (ONU) em um governo mundial.

Os países e seus governos foram transformados em delegações que fizeram parte da *Câmara dos Deputados Mundiais*, que deveriam tratar dos interesses de seus países e do conjunto mundial como uma comunidade.

O jornal que Jorge lia ainda citava: "Como esses países emergentes tradicionalmente passavam por constantes problemas institucionais devido às instabilidades políticas e econômicas, não foi difícil instaurar uma governança internacional, regulatória e tecnológica. Cresceu então o uso de tecnologias digitais, que passaram todos os poderes políticos e comerciais nos países, e o Brasil teve em sua cidade mais economicamente avançada, São Paulo, a soberania comercial e tecnológica geopolítica nas Américas. Com isso, a cidade de São Paulo passou a ser *tecnometrópole* mundial e brasileira, e a ficar entre as maiores lideranças no mundo, a ponto de criar uma dependência política-comercial em todo o país e no continente americano."

O tema central da matéria que seu Jorge estava lendo era: "São Paulo passou a receber muitos investimentos em tecnologia, principalmente com o advento da *Quarta Revolução Industrial* e as tecnologias habilitadoras da *Industria 4.0*."

A onda de cidades digitais aconteceu no mundo e em São Paulo como um dos expoentes de um novo movimento que estava mudando a história. Esse movimento iniciou-se na Alemanha em 2011, com uma pesquisa tecnológica que tinha como objetivo criar possibilidades competitivas para a indústria alemã. Essa pesquisa uniu o chão de fábrica da forte indústria da Alemanha, herdada das tecnologias da *Segunda Revolução Industrial*, com a tecnologia digital da *Terceira Revolução Industrial*, sua maior tendência, a *Internet*.

A conclusão que a matéria trazia para o Jorge era: "O Brasil, em conjunto com os outros países ditos como emergentes em 2014, tomou o lugar geopolítico que os Estados Unidos, a Inglaterra, a China e a Rússia deixaram ao passar pela crise da *Guerra dos Quatro Poderes*. Porém, a *ONU* instaurou o lugar em que sempre quis estar politicamente".

Jorge vira a folha do jornal e fala em voz alta:

— O que isso tudo tem a ver com a minha vida? Nada mudou até agora além de usar o *smartphone* para tudo. Ainda bem!

Às 5h30, em uma dessas manhãs, Jorge folheava de novo o seu querido jornal assentado na mesa da cozinha da sua casa, com os pés esticados na cadeira da frente, deliciando-se de um copo americano de café preto bem amargo.

Atrás dele, sua esposa, Patrocínia, preparava um pão com manteiga na chapa, como era do agrado dele. Ele sempre dava aquele grito:

— Patrocínia, o pão com manteiga é na entrada.

— Amor, tu queres um pouco de leite no café? — perguntava a dedicada esposa.

— Patrocínia, tu sabes muito bem que café bom é sem leite e bem amargo! — esbraveja o português com um tom de deboche.

Jorge era acostumado a mandar, mesmo nos seus amigos de trabalho, e apesar de ser um pai amoroso e esposo muito dedicado, era bravo como um cão de guarda.

Não é à toa que ele tinha o cargo vitalício de presidente do ponto de táxi que ele trabalhava com mais dez esforçados motoristas.

Sua fala era uma mistura de carinho e comando, como se fosse um general que gostava de cuidar dos seus soldados. Mas, quem não cumprisse as suas ordens — tinha que dar uma bela e convincente explicação — não se livrava de uma bronca bem dada.

Sua história mostra um homem muito trabalhador: aos 30 anos de idade, montou esse ponto de táxi com muito esforço e com a ajuda do Vitor e do Antonio, outros dois motoristas que são seus grandes amigos de trabalho e pessoais, desses de churrasco e farofada na praia com todas as famílias juntas.

Na fundação do ponto, havia também um outro motorista, o Filipão, que se mudou para o interior de São Paulo para abrir uma loja de som para automóveis — ele deixou muitas saudades.

Mesmo assim mantinha contato com a turma, e marcavam encontros sempre que ele vinha para a capital. Filipão era torcedor fanático do Santos Futebol Clube e entrava em diversos debates com o Jorge, que era torcedor fiel, e muito resiliente, da Portuguesa de Desportos da Capital Paulista.

Os anos se passaram seguindo um relato de muito suor, trabalho, poucas mudanças e algumas novas tecnologias.

O PRESIDENTE DO PONTO DE TÁXI

O seu Jorge tinha um ritual diário que perdurava em todos esses anos de trabalho. Ele se levantava bem cedo — na verdade, acordava todo mundo em casa — com sua esposa e seus dois filhos.

O filho mais velho era chamado Jorge Junior, tinha 35 anos e trabalhava como contador — inclusive para o ponto de táxi. E havia também a Rebeca, que era a raspa do tacho e xodó da família.

Rebeca tinha 19 anos e uma única obrigação: terminar a faculdade de Administração.

Mas, do que a garota gostava mesmo era de ouvir música e ficar grudada na *Internet*, gravando vídeos para o seu canal de *streaming*, no qual ela dava dicas sobre gestão de empresas e tecnologia.

Esse ritual diário do Jorge começava na manhãzinha, e a Rebeca sempre reclamava:

— Mas, pai, para que você acorda a gente se só você vai sair nesse horário? –— E ela se enrolava novamente nos cobertores.

Essa era uma oportunidade para o chefe da família iniciar a ladainha de sempre.

Contava com muito orgulho a história da Família Martins. Em seu discurso épico e saudoso, contava que era o único filho de um casal de imigrantes portugueses. Seu pai veio ainda bebê para o Brasil, com o seu avô, Antonio Martins Coelho, que trouxe sua família para o Brasil fugindo da ditadura portuguesa, em 1926.

Jorge continuava a explanação com muita emoção, de forma que até escorria lágrimas dos seus olhos. Dizia ele:

— Seu Coelho, meu saudoso avô, era muito conhecido. Eu vim de uma orgulhosa família de motoristas profissionais. Ele fez a sua vida como motorista entregando os pães da grande padaria de Osasco, em São Paulo. Ajuntou seu suado dinheiro, comprou a sua perua — como eles chamavam a velha Variant da cor verde abacate — e com muito esforço passou a realizar essas entregas de forma autônoma. Ali começou a nossa história, como um motorista profissional. Meu pai, Emanuel, aprendeu o ofício de motorista, e hoje estou aqui, com muito orgulho, continuando o trabalho que deu o sustento para a família desde aquela época.

Nesse momento, Jorge sempre pegava os álbuns de família e os folheava com muita emoção e se lembrava das aulas de direção que seu pai deu para ele. Dizia que ajudava nos serviços de entrega e que passou a dirigir o seu próprio carro até antes de começar a trabalhar como taxista.

E sempre finalizava, diante da insistência da esposa e dos filhos, dizendo:

— Vocês não dão valor para essa história que criou esta família.

Jorge repetia toda aquela novela da Família Martins, enquanto lustrava o seu sedã branco de frota e depois saiu para o trabalho.

O ponto de táxi era como o seu escritório de trabalho no engarrafado e caótico trânsito da capital paulista.

Lá iniciava o trabalho fazendo a gestão do ponto até as 11 horas da manhã; em seguida, saía para as suas viagens de trabalho.

Era todo dia assim. Amava a sua rotina, era o seu orgulho, e quanto mais o tempo passava, mais ele se apegava ao seu negócio.

Os demais motoristas até ofereciam ajuda na administração. Vitor e Antonio, como já o conheciam há muito mais tempo, deixavam tudo em sua mão.

É claro que o Jorge não aceitava ajuda, pois, apesar de ser uma sociedade, ele era o fundador e presidente do ponto.

O ponto era muito conhecido na Zona Norte de São Paulo, ficava ao lado de uma importante ponte da capital e os motoristas dependiam desse negócio para manter a renda das suas famílias.

Era um local muito valorizado que estava perto da entrada de duas importantes rodovias. E na frente do ponto desembarcavam milhares de pessoas que, principalmente a partir das tardes da semana, vinham do interior da capital.

Essas pessoas chegavam depois de um dia inteiro de trabalho. Também havia turistas, empresários, compradores, vendedores e até pessoas que procuravam serviços especializados de medicina na capital.

Vinham de diversas cidades do interior de São Paulo, tais como: Americana, Barueri, Osasco, Jundiaí, Campinas, Louveira, Limeira, Sumaré, Sorocaba, entre muitas outras ao redor da cidade de São Paulo; essa clientela, além de usar os ônibus fretados que chegavam a cada dez minutos, usava os serviços oferecidos pelos taxistas do ponto.

Os motoristas sempre tinham muito serviço, e normalmente criavam-se filas enormes à espera de suas viagens.

Como não existia concorrência para eles, não havia nenhuma preocupação com a melhoria dos serviços prestados. Mantinham apenas um banheiro aberto ao público e que eles mesmos utilizavam, além de dois bancos de cimento, extremamente desconformáveis, porém muito concorridos por quem ficava na fila aguardando de pé. Durante essas décadas, foi um trabalho garantido para os honestíssimos e trabalhadores motoristas.

A estrutura do ponto era precária. Afinal, por que melhorar e gastar o suado dinheiro com um negócio que dava o sustento há muitos anos do jeito que estava?

OS SINAIS DAS MUDANÇAS

O tempo foi passando e, como de costume, pela manhã, Jorge pega o seu jornal para ler.

Patrocínia já o conhecia tanto que percebeu pelo levantar de sua grossa sobrancelha que alguma coisa na leitura chamou a sua atenção. Ela perguntou:

— O que foi, Jorge?

Foi naquele dia que eles deram conta da chegada dos motoristas por aplicativo em São Paulo e Jorge Junior e completou a pergunta da mãe:

— Pai, você viu a novidade? — E parou na frente do Jorge, com o seu *smartphone* na mão, mostrando a notícia para ele.

Seu Jorge olhou e disse:

—- O que é? — como se fosse estivesse mandando o seguinte recado: não me atrapalhe, estou lendo o jornal.

— Está sabendo da entrada dos motoristas por aplicativo em São Paulo? — pergunta o filho, surpreso com a má notícia, e complementa sua importante informação. — Está aqui em uma notícia de ontem na *Internet*.

Junior lê a notícia: "já iniciaram no Rio de Janeiro e já estão liberados para trabalhar em São Paulo e em Belo Horizonte".

Jorge se levantou da cadeira e fez uma coisa que nunca fez antes: deixou o seu café na mesa sem tomar, pegou as chaves do carro e saiu sem falar com ninguém.

— Pai! Pai! Onde você vai? Estou falando com você!

Finalizou ali a conversa com o filho mais velho e sua esposa.

Jorge foi pensando no caminho, tentando imaginar o que essa notícia poderia trazer de problemas para ele e os outros motoristas.

Pensou consigo mesmo:

— Ah! Acho que estou a me preocupar à toa. Até parece que essa modinha vai pegar. Isso é coisa de adolescente e eles não usam nossos táxis e ficam o dia todo com a cara nesses aparelhos celular.

Ao chegar no ponto, notou todos os motoristas rodeados em volta do Antonio, que estava lendo um jornal no capô de seu carro. Alguns outros estavam com os seus *smartphones*, lendo nos sites de notícia.

Quando eles viram que Jorge se aproximava, desfizeram a roda imediatamente e foram cada um para os seus carros.

Antonio escondeu o jornal e os outros guardaram os aparelhos como se nada estivesse acontecendo. Ficaram esperando algum pronunciamento do presidente do ponto.

Jorge estacionou o carro, pegou a maleta preta no porta-malas e não falou com ninguém.

Começou a trabalhar na administração do ponto dentro do carro mesmo, como sempre fez todos esses anos — aliás, essa era a causa da hérnia de disco que ele tinha na coluna lombar.

Não passou nem 20 minutos, de repente notaram um automóvel parando ao lado do ponto, onde dois clientes entraram, e foi embora. Eles olharam um para o outro e viram que o Jorge fez que não viu a situação acontecer.

A semana passou, e o número de clientes que passaram e entraram nos carros dos motoristas de aplicativo aumentou, e, por consequência disso, as suas viagens dos táxis foram gradualmente diminuindo.

Era visível que a fila do ponto estava a cada dia menor, e o telefone do ponto também passou a tocar cada vez menos — eles também recebiam chamados de clientes por telefone, num telefone vermelho, como desses filmes de espionagem quando recebem uma missão.

A semana passou, e o movimento ficou ainda menor. Antonio e Vitor entraram em um carro e começaram a conversar sozinhos.

Os outros motoristas observaram a movimentação e olharam para o Jorge — isso nunca havia acontecido —, mas ninguém se atreveu a falar nada com ele.

No fim de uma semana, com praticamente o mês perdido, Vitor entrou no carro, e Antonio chamou o velho amigo para dar uma volta com eles.

No caminho, mantiveram o silêncio, estavam indo para uma padaria que eles gostavam de se reunir quando precisavam tomar alguma decisão sobre o ponto.

Durante o trajeto, viram alguns carros de passeio, mas havia pessoas sentadas no banco de trás e um motorista sozinho na frente.

Algumas pessoas os contaram que nesses carros havia água, balas, bombons e guardanapos.

Antonio faz um comentário isolado e sem nenhuma resposta:

— Alguma coisa mudou no mundo!

Chegaram à padaria e procuraram a mesma mesa de sempre para sentar-se, mas já havia um rapaz sentado. Os três fixaram os olhos nele e notaram que não era um frequentador da padaria.

Viram também que ele se vestia bem e estava lendo um livro de engenharia enquanto aguardava o seu pedido — sempre de olho no aparelho celular.

Jorge olhou para os amigos e perguntou:

— O que queres aqui?

Ficou um clima pesado, e ninguém falou nada. Jorge complementou:

— Pois bem, tenho família para cuidar — Jorge ameaçou se levantar, e foi quando Antonio tomou coragem, e disse:

— Espere, Jorge, sente-se de novo, precisamos tomar alguma decisão a respeito...

— Sobre o quê? — corta-o o português, querendo acabar com a conversa naquele momento.

Vitor completou imediatamente:

— Jorge, não podemos ficar fingindo que nada está acontecendo, precisamos fazer alguma coisa, senão...

— Senão o quê? Me diz! — Jorge gostava de cortar a fala das pessoas — Você está com medo do quê? Até parece que nosso negócio vai acabar assim só porque apareceu uma modinha!

Antonio, extremamente indignado, fala firme, apoiando--se na mesa:

— Que modinha o quê, Jorge! Esse aplicativo e esses motoristas vão acabar com as nossas vidas. Eu não fiz nem a metade das viagens que estou acostumado a fazer, sabemos que você também não fez. Você pensa que não sabemos que você vem para cá quando saía todos esses dias?

Antonio aponta para o Vitor e diz:

— E nós anotamos quantas vezes um desses carros parou do nosso lado e pegou os nossos clientes. — Vitor larga na mesa um papel com as anotações para o velho amigo ler.

Nesse momento, o rapaz da mesa que eles sempre usaram ouviu a discussão, percebeu que alguma coisa poderia sobrar para ele, levantou-se, pagou a conta no caixa e saiu do restaurante — ele era um motorista por aplicativo e estava esperando aparecer um chamado.

Jorge recebe a ligação do seu filho:

— Pai, preciso das contas das viagens do ponto para fazer a contabilidade do mês, você nunca atrasou e já está acabando o mês.

Jorge desligou na cara do jovem contador, que ligou de volta:

— Pai, está tudo bem? Estou preocupado! Você está muito estranho e calado essas últimas semanas aqui em casa e não fala mais com ninguém. A mãe está preocupada. Onde você está?

Jorge olhou para os amigos e deu ordem ao filho:

— Vem aqui agora, na padaria!

— Qual padaria? — perguntou Jorge Junior.

— Ora pois, a padaria de sempre. Ora, trata de vir logo!

Jorge abre uma maleta preta que ele havia carregado para o restaurante.

Como a padaria fica a dez minutos de casa, Junior chegou rápido e percebeu o clima pesado na mesa entre os três.

Jorge tirou da maleta os papéis e deu a movimentação do fluxo de caixa do mês para seu filho analisar.

Junior analisava a papelada feita à mão, com muito capricho, pelo seu pai. Enquanto isso, o clima seguia pesado entre eles.

Junior olhou para os três e disse:

— A receita caiu drasticamente, a ponto de não cobrir 50% da renda que cada um de vocês consegue com o rateio mensal.

Vitor acertou o cinto da calça, levantou os ombros, como fazia quando ficava preocupado com alguma coisa, e perguntou:

— Mas, será que isso vai acontecer o mês que vem também?

— Olha, pelo que eu estou lendo nas notícias, será o futuro daqui por diante. E a tendência é piorar, porque esse aplicativo resolve muitos problemas das pessoas e está tomando os seus clientes. — Afirmou o jovem contador.

Nesse exato momento, um homem se assenta na mesa ao lado — aquela mesa que era de costume deles.

O homem estava conversando com alguém pelo *smartphone* e dizia:

— Cara, estou te falando, ganhei 850 reais esta semana, só com as minhas viagens. Sim, isso mesmo! Você entra no seu aplicativo, na versão de motorista, e espera o chamado do cliente, que já calcula a rota e o valor. O dinheiro sai do cartão do cliente e cai na sua conta corrente, na data acordada no contrato. Sim, tem algumas regras para cumprir e outras para ser aceito, mas seu carro foi fabricado a partir 2014? É sedã? Então, está fácil!

Jorge se levantou na direção do homem com os punhos cerrados e os amigos, juntamente ao seu filho, o seguraram:

— Você está louco? Que culpa ele tem nisso tudo? — interrogou o seu amigo Vitor.

O homem, que nem percebeu a louca investida de Jorge, olhou para o *smartphone*, levantou-se e foi embora tão rápido que nem chegou a pedir nada.

Junior olhou para os três amigos e disse:

— Me conta tudo o que aconteceu nessas semanas.

E os amigos ficaram conversando com ele.

No outro dia, de repente, a fila de clientes que os orgulhava tanto começou a crescer, mas mudara de direção.

E por um instinto humano — sem necessitar de nenhuma organização —, ocorria a formação de uma outra fila, não aquela que ia para a direção dos taxistas, mas, para a calçada da rua esperando os motoristas de aplicativos. Os taxistas ficaram de braços cruzados sem saber o que fazer.

Thadeu, um dos motoristas do grupo, começou a falar para os outros:

— Olha, estamos vendo um descaso com as nossas vidas. Onde está o presidente do ponto? Se ninguém faz nada, eu vou fazer! Precisamos trocar de presidente e eu me coloco à disposição para mudar as coisas.

Kleber, que era um homem de poucas palavras e muito sério, e era o mais velho do grupo depois dos três fundadores, disse:

— Olha, eu devo muito para o Jorge, você não tem a minha adesão nessa loucura. Aliás, o Vitor e o Antonio também não vão aceitar isso.

Joãozinho, que era um nordestino natural de Recife, era culto, estudado e já trabalhava de taxista na sua cidade natal antes de vir para São Paulo, disse:

— Espera um pouco, ele tem esse direito! Aliás, todos nós temos esse direito. Estamos num país livre e podemos nos posicionar quando nós quisermos. Além do mais, está passando o tempo e o presidente nem veio falar com a gente.

Nessa hora, chegou o Vitor e perguntou:

— O que está acontecendo?

Kleber respondeu:

— Thadeu que está falando besteiras aqui e o Joãozinho está apoiando uma loucura.

Nesse exato momento, chegou o Antonio e percebeu o movimento:

— É assim que sempre acontecem as traições.

Thadeu era do tipo nervoso e não recusava uma boa briga, fechou os punhos, deu um passo para frente e gritou:

— O que você disse? Me chamou de traidor? — O time da "deixa disso" entrou em ação e acalmou os ânimos.

Mas quando olharam para trás, lá estava o presidente do ponto observando tudo o que estava acontecendo.

Com um gesto de insatisfação, com um misto de raiva e uma tristeza estampada no rosto, levantou as mãos e pediu a palavra para o grupo.

— Meus amigos de trabalho e irmãos de longa data, parem com esta briga e prestem atenção. Escutem o que eu vou dizer para vocês! Peço a palavra para vocês, não como dono deste lugar de trabalho, mas como um trabalhador e amigo. Me sinto responsável por vocês todos, como filhos.

Continuou Jorge:

— Quando Antonio, Vitor e eu abrimos este ponto de táxi, tivemos o sonho de criar o nosso próprio lugar de trabalho para que pudéssemos incluir nele: respeito, dedicação e sustento para as nossas famílias. Com o tempo, o trabalho aumentou, vieram mais clientes e com isso vieram vocês outros para completar este grupo de trabalhadores. Eu não faço meu papel de presidente para me manter na frente de vocês, mas faço isso como se fosse a minha própria casa. Me dediquei todos esses anos do fundo, do meu coração, para dar para vocês condições de trabalho dignas e honrosas. Por isso, peço que acalmem os seus ânimos e me deem permissão para falar com vocês, depois vocês podem tomar as suas próprias decisões.

Jorge seguiu dizendo:

— Atualmente, estamos enfrentando uma grande diversidade de desafios gerados por muitas mudanças em um mundo que nos parecia ser tão simples. Ficou tudo muito complicado e diferente. De alguma forma, eu também estou tentando entender o que está acontecendo e está difícil para mim também. De todas as mudanças que estão acontecendo, a mais intensa e importante é o entendimento de um novo modelo de mundo, o qual está passando por uma nova revolução tecnológica, revolução esta que causa a transformação das vidas de todas as pessoas. Eu tenho lido nos jornais que estão aparecendo muitas novidades dessas, de tecnologia, que estão entrando nas casas e em muitas áreas de trabalho como a nossa. A inteligência dos computadores está aumentando, fazendo com que eles pensem no nosso lugar, essa é a tal *Inteligência Artificial*. Tem também os robôs nas fábricas e a *Internet*, que anteriormente estava apenas nos computadores, e agora está nos aparelhos das nossas casas, essa é uma tal de *Internet das coisas*. Agora as impressoras podem criar objetos em impressão *3D* e as empresas não precisaram mais estocar peças de reposição de qualquer tipo de produto. Imprimirão os produtos na hora e entregarão para o cliente. Tem também a nanotecnologia e a biotecnologia, que farão o trabalho dos médicos. A ciência dos materiais trabalhará para que o mundo possa armazenar energia de uma forma mais barata, e a computação quântica fará com que todas as tecnologias do mundo todo se juntem numa só, unindo os mundos físico, que é esse nosso, com o digital, que está nos computadores, e o biológico, que está a natureza.

Marcos, que é o mais simples de todos os motoristas — estudou pouco, mas tem a vida como a sua escola, por isso, era o mais esperto de todos e ninguém passava a perna nele —, mas também o mais animado e agitado da turma, perguntou:

— Jorge, explica melhor o que significa tudo isso?

Jorge responde prontamente:

— Olha, a ideia é de tudo ficar digitalizado e automatizado. O que significa que os trabalho que são manuais, repetitivos e de baixo custo serão realizados por programas, aplicativos, sistemas e robôs, isto é, cada vez mais as máquinas vão tomar o nosso trabalho. Hoje é possível oferecer serviços e produtos mais baratos, utilizando muito menos trabalhadores em comparação a 10 ou 15 anos. Isso está acontecendo, porque os custos para as empresas digitais tendem a ser muito menores com o uso dessas tecnologias. Por exemplo, eu faço todo o nosso trabalho administrativo dentro do carro, usando um caderno e uma caneta. Nós também precisamos mudar porque o mundo mudou antes da gente!

— Li algumas pesquisas sobre os negócios empresariais que mostram que os negócios formados pelas pequenas e médias empresas e pelos microempreendedores individuais são promissores e podem elevar a economia do Brasil. Mas precisamos de incentivos financeiros e de conhecimento para nos mantermos competitivos utilizando os mesmos recursos de tecnologia que as grandes empresas. Olhem esta notícia do jornal de hoje!

Jorge abre o jornal na página de economia, acomoda no capô de um dos carros da frota e mostra ao time, dizendo que, segundo os órgãos do governo, no Brasil existem milhões de estabelecimentos e a maior porcentagem são as pequenas empresas. Essas correspondem a mais da metade dos empregos com carteira assinada no setor privado e entre as microempresas existem também milhões delas, mesmo assim existem poucas publicações que ensinam sobre da *Transformação Digital* para as pequenas e médias empresas.

— Isso tudo faz as coisas mais difíceis para a gente, mas não é impossível! Aqui, nesta matéria, mostra que existe tecnologia de baixo custo, e acessível, e que podemos usar para brigar com as grandes empresas.

Melo, que era formado em Engenharia antes de se tornar um motorista de táxi, complementou:

— Eu estava esperando o momento certo para falar. Ontem eu estava ajudando a minha filha, Melissa, em um trabalho da faculdade e estava lendo com ela uma matéria que dizia que existe um documento que o governo do Brasil está criando. Este documento é uma cartilha e é a base do trabalho da minha filha.

Melo continua:

— Nele consta que o Brasil ainda não possui a possibilidade para impulsionar o setor de tecnologias, mas se sabe que esse setor pode promover as mais diversas áreas para a transformação digital no país. O governo brasileiro vai lançar este documento chamado de *E-Digital*, que é uma proposta de estratégia de longo prazo para a economia digital no Brasil. Essa proposta inclui as pequenas e médias empresas como participantes nesse assunto. Assim, nós, por exemplo, teremos referências para usar tecnologias de baixo custo para participar dessa proposta com vantagem competitiva contra essas mudanças.

Quando Melo acabou de falar, ficou o silêncio entre o grupo, ouvia-se apenas o murmurinho da rua.

Aliás, quem um dia iria ver um grupo de taxistas conversando sobre tecnologia e tendências digitais — eles ficaram olhando uns para os outros sem saber o que falar.

Foi um momento de dar dó!

Jorge finalizou a roda fazendo um convite que ele nunca havia feito:

— Meus grandes amigos e filhos por consideração, convido a todos para fazer como eu estou fazendo. Estou mudando a minha forma de pensar e de fazer as coisas. Eu também nunca abri a possibilidade para ouvi-los, porque sempre resolvi tudo sozinho, mas agora preciso da ajuda de todos vocês. Hoje é sábado, merecemos fechar o ponto mais cedo e ir para a nossa casa descansar com a nossas famílias e pensar em novas possibilidades. Tragam aqui, na segunda-feira de manhã, as considerações de cada um de vocês, que vamos realizar uma reunião de emergência para adotar planos para encararmos esta guerra em que estamos passando.

Jorge olhou para o ponto de táxi — como se estivesse fazendo uma despedida — e completou:

— Trabalhem até o quanto acharem o ideal hoje e vão para a casa de vocês, mas antes vou deixar algumas perguntas para uma reflexão: — Nós estamos interessados em lutar pelo nosso negócio? O que nós nascemos para fazer na vida? Quais ideias que cada um de nós podemos trazer para mudar a situação?

Jorge desejou um bom dia de trabalho a todos, dizendo que os esperava no horário da abertura do ponto, sem atraso, e a roda de amigos foi desfeita.

SOLUÇÕES ANTIQUADAS EM UMA ERA DIGITAL

Eles bem que tentaram, mas não puderam fazer nada.

Até tentaram impedir juridicamente a passagem dos motoristas de aplicativo na rua que o ponto estava localizado, mas de nada adiantou controlar a disrupção.

Xingos, caras feias e gestos eram realizados, mas quem chamava os concorrentes eram os seus próprios clientes que chegavam aos montes no ponto.

Eles não se conformavam com a situação, falavam em injustiça e da falta de lealdade dos clientes, depois de tantos anos de trabalho duro. Até rodear os carros dos motoristas de aplicativos fizeram, deu até caso para a polícia chegar no ponto deles para livrar um motorista de levar uns bons sopapos.

Fizeram protestos nas ruas da capital, embaraçaram mais ainda o estrangulado trânsito da cidade de São Paulo. Nessas passeatas utilizaram placas e chamaram jornalistas. Foram muitas outras carreatas pelas avenidas mais importantes e sempre se ajuntando aos montes na frente do palácio do governo e da prefeitura de São Paulo.

Uniram-se com diversos outros motoristas de táxi, que estavam passando pelos mesmos problemas e até criaram uma associação — que de nada adiantou!

Colocaram placas de sinalização em volta do ponto, e não ajudou.

Até que chegou a hora da grande conversa. Muitas ideias foram colocadas em discussão.

Jorge chamou seu filho Junior — o contador do ponto —, que começou a reunião mostrando a contabilidade do negócio.

Ficaram a parte da manhã toda com a frota parada, em uma roda discutindo a situação e os casos ocorridos durante todos esses dias.

Jorge deixou os outros motoristas muito à vontade para falar e apareceram muitas ideias. Porém, não surgia nenhuma ideia satisfatória.

Até que decidiram oferecer aos clientes um novo ponto, que era perfeito para se pegar um táxi.

O ponto que eles trabalhavam não tinha parede, era aberto, comprido e virado para a rua onde estava a fila dos táxis.

No lado de trás, tinha um banco grande de madeira, virado para a rotatória da entrada do ponto que atravessava o Rio Tietê para o Bairro de Pirituba, zona oeste da capital paulista. Esses bancos não eram para os clientes, eram os motoristas que se assentavam, e era apoiado por quatro colunas que seguravam um telhado de alvenaria.

Quando a chuva caía, molhava os clientes, e os motoristas se abrigavam dentro dos seus carros. Quanto aos clientes...

Thadeu, o motorista mais novo do grupo, chegou com um desenho feito à mão em uma folha de papel. Com o desenho, propôs construir uma sala de *check-in*, com bancos confortáveis e macios, um banheiro interno limpinho, ar-condicionado, água, café e uma copeira. Quem diria?

Thadeu disse:

— Se esses motoristas por aplicativo dão conforto, então é isso que vamos dar também, conforto e mimos para os nossos clientes.

Continuou o homem:

— Minha esposa fez isso no salão de cabeleireiro dela e o salão encheu novamente.

Até a pequena televisão, antiga de tubo, que pegava muito mal, foi trocada por uma grande de tela plana e, olha só, um sistema de televisão a cabo.

A estratégia dos taxistas era de investir suas economias, de anos, em um rateio para salvar o negócio do grupo, recuperar a clientela enchendo a sala com os passageiros que prefeririam aguardar os motoristas chegar das suas viagens. Porém, agora no conforto de uma estrutura muito mais agradável do que competir por dois bancos de concreto.

A reforma do ponto durou quatro meses, que pareceram ser dois anos, e nunca chegava ao fim.

O ponto, que já era ruim, se tornou pior com a reforma e, com isso, perderam muito mais clientes — era areia e tijolo para todo o lado.

Até que chegou o dia da reinauguração do ponto.

Cunha, que também era um motorista do grupo, ficou encarregado de fazer o churrasco. Ele era bom nisso, e seus churrascos faziam muito sucesso. Sempre que eles queriam trazer mais clientes para o ponto usavam essa estratégia.

As pessoas que chegavam no ponto eram convidadas para a festa.

Era a estratégia perfeita, criada para chamar a atenção dos clientes novamente para o ponto.

Vitor chamou Jorge e Antonio de canto e disse:

— É sucesso na certa!

A alegria estava estampada nos rostos dos nossos heróis, porém pairava uma grande ansiedade, principalmente em Jorge, que observava tudo meio de lado, um tanto quanto ansioso com toda aquela situação que saiu da sua rotina de anos de trabalho.

Mas durante o dia aconteceu o inesperado! Uma aglomeração de pessoas que ia até a calçada assustou os *taxistas* e acabou com as esperanças deles. Todas as pessoas estavam olhando para os seus *smartphones* e aguardando os seus motoristas de aplicativo.

A recém-inaugurada, e incrível, sala de *check-in* dos *taxistas* continuou vazia, com apenas um ou outro cliente, e os motoristas estavam de braços cruzados no ponto da mesma forma, reclamando da situação.

O pior do dia foi chegar no ponto e os motoristas se depararem com alguns moradores de rua dormindo embaixo da marquise da sala de *check-in*.

E todos se foram para os seus carros separadamente.

Cada um deles passou os dias entre poucas viagens e suas reflexões sobre a vida.

Pensaram sobre o tempo e as mudanças que estavam acontecendo na sociedade. Todos se perguntavam: "por que estava tudo tão diferente? Por que tanta injustiça?".

No fundo, sabiam que motoristas de aplicativo não eram os culpados por tudo isso estar acontecendo.

Ao mesmo tempo, com muita dificuldade, eles iam se adaptando às mudanças, porém as suas mentes estavam travadas nas coisas que já passaram e que um dia trouxera alegria para as suas vidas.

Estavam começando a perceber que as mudanças vinham sorrateiramente, mas muitas avisavam aos poucos, pegando as pessoas de surpresa.

Melo escreveu uma frase no *status* de seu aplicativo de mensagens instantâneas, que ficou como uma reflexão para as suas vidas: "Até ontem uma coisa era nova, hoje já é velha. Como podemos nos tornar jovens todos os dias para lutar com vigor pelo trabalho e a vida?".

Vitor fez a mesma coisa e escreveu: "Como ficar velho de corpo e manter a mente jovem?".

A mensagem de Antonio foi: "Pode o corpo seguir a mente nesta velocidade?".

E cada um no seu canto, ou melhor, no seu automóvel, ficava refletindo sobre a vida e o que seria o futuro dali em diante.

Jorge pensou consigo mesmo: talvez fosse mais fácil para este batalhão de trabalhadores aceitar ou desistir do que se adaptar diante tantas mudanças.

E as inevitáveis perguntas chegaram até a consciência de Vitor: se adaptar é aceitar o destino e desistir? Se adaptar é se entregar e ganhar a forma daquilo que é novo? Ou se adaptar é lutar até o fim da vida, mesmo sem saber se sairemos vivos?

Jorge Junior começou a procurar profissionais mais experientes de tecnologia, publicidade, e até de marketing, para saber o que poderiam sugerir para ajudar esses pobres taxistas.

Todos foram unânimes em dizer que resolver esse tipo de problema é uma tarefa difícil e digna de louvor para o profissional que o fizer. O ideal é mostrar que, na verdade, essas mudanças que estavam ocorrendo não eram novas e não tinham como mudar o futuro.

Porém eles não mereciam ser julgados ou cobrados por terem agido despreocupadamente, pois as mudanças aconteceram rapidamente.

O problema que aconteceu com eles é o que acontece com a maioria das pessoas, e nós precisamos sempre de ser avisamos sobre as mudanças por alguém.

Quem tem bola de cristal?

E Jorge percebeu que se adaptar é encarar as mudanças de forma proativa e encontrar novas saídas para a sobrevivência.

Um desses profissionais que Junior chamou para conversar trouxe uma explicação que fez muito sentido para o grupo.

O Sr. James, um consultor de gestão de empresas, mostrou de uma forma muito simples as mudanças. Ele disse:

— Até 1780, tínhamos no mundo uma sociedade estritamente agrícola. De 1780 até 1980, houve uma mudança para uma sociedade industrial, com uma enorme fuga do campo para os empregos nas cidades, e, desde 1980, estamos vivendo na sociedade digital.

O Sr. James fez algumas perguntas importantíssimas ao time de motoristas:

— Vocês conseguem ver neste quadro que eu mostrei quantas são as mudanças que ocorreram nas vidas das pessoas de uma época para a outra? Quando o motor a vapor chegou, o que aconteceu com os donos de cavalos, que ganhavam dinheiro fornecendo força de tração animal? Quando o motor a combustão chegou, o que aconteceu com os mecânicos dos motores a vapor? E agora, com a chegada do carro elétrico, haverá um dia que deixarão de existir postos de gasolina? Se os carros elétricos são uma opção para um mundo com menos poluição do ar e combustível mais barato, deixo uma outra pergunta: o que vai acontecer com o meio ambiente se as grandes companhias automobilísticas resolverem atender à demanda de carros? Haverá recursos naturais o suficiente para a produção de baterias de lítio?

O Sr. James apresentou uma prospecção em números que mostrava os impactos em infraestrutura com os milhares de carros elétricos na cidade de São Paulo.

Uma coisa que eles aprenderam, e foi certa: a crise chegou e as mudanças aconteceram, então deveriam estar atentos e preparados para se adaptar, e não para mudar. Ninguém prevê uma mudança, a sociedade vai mudando gradualmente.

A vida daqueles *taxistas* reproduziu a forma de como foram criados e como tocaram as suas vidas até ali.

É claro que a família do Jorge estava preocupada, mas era a saúde daquele chefe da família e também com os demais motoristas.

O que fez que a Rebeca se interessasse pelo o que estava acontecendo.

Jorge chegou um dia em casa e disse para família:

— Daqui para frente tudo vai ser diferente. A saudade da minha rotina de trabalho já bate no meu peito, mesmo antes dela acabar. Nem consigo ir para o trabalho de tanto desgosto... esta é a minha nova vida. Parece que é isso mesmo que vai ser.

Ele já sofria antes de tudo acontecer, não conseguia ver a vida diferente do que havia passado nos últimos 40 anos.

Para Jorge, estar longe do trabalho era estar longe dele mesmo. Não passava, em sua a cabeça, uma nova forma de viver, mas, ao mesmo tempo, queria novos resultados.

OS PODERES DIGITAIS CONTRA A CAPACIDADE HUMANA

Rebeca tinha o sonho de se formar e atuar na área de tecnologia digital e inovação. Estava estudando métodos de produtividade nas pequenas empresas, procurando novas formas para melhorar a economia das cidades, usando a tecnologia como meio para uma sociedade mais saudável.

Havia lido, em uma afirmação, sobre as mudanças que estavam acontecendo no mundo, que dizia que, atualmente, estamos enfrentando muitos desafios incríveis, entre eles o mais intenso e importante é o entendimento de uma nova revolução tecnológica mundial, que tem feito nada menos que a transformação de como todas as pessoas do mundo viverão.

Essa afirmação estava deixando a moça muito intrigada, mas este era um assunto que não se falava na casa dela.

Seu pai e sua mãe, além do seu irmão mais velho, não demonstravam nenhum interesse nos seus assuntos, apenas no fato de que ela deveria se formar.

Eles sempre faziam uma afirmação que a deixava furiosa: que as moças não têm a capacidade de mandar em suas próprias vidas.

Seus familiares a diziam que se ela terminasse os seus estudos, *já* estava muito bom.

Mas o que ela queria para a sua vida era mudar o mundo.

E para conversar sobre esses assuntos incríveis, Rebeca procurava seus seguidores nas redes sociais, canais de vídeos na *Internet* e nos grupos de mensagens instantâneas.

Sempre observava que as pessoas viviam muito na defensiva para qualquer coisa que as fazia sair da vida comum. Para a moça, a sociedade em que ela vivia levantava as bandeiras mais a favor de si mesmo do que para ajudar as outras pessoas.

Ela percebeu que mudar de *hábitos* e sair da mesmice era difícil para a maioria das pessoas.

Rebeca via a humanidade com muito sofrimento. Para a jovem, muitos viviam e não aprendiam com seus erros.

Um belo dia, ela olhou para o problema que os motoristas do ponto de táxi estavam passando e entendeu um aspecto muito importante: *a transação.*

Entendeu também que a tecnologia não é a causa dos problemas, mas sim a ferramenta que o mundo utiliza para fazer com que as coisas funcionem conforme a necessidade do mercado.

E passou a enxergar os motoristas de aplicativo com outros olhos. Para aprender melhor sobre esse problema, foi até o ponto de t*á*xi e ficou de longe, apenas olhando. Observava atentamente e anotava muitas coisas em um caderninho, até que falou em voz alta para si mesma:

— Sim, o problema não é a tecnologia nem os motoristas por aplicativo! Como eu vou falar isso para eles? Nossa, quanto eles gastaram nessa reforma?

A moça percebeu que o problema dos *taxistas* estava na forma que eles atendem *à* demanda de usuários do ponto. A forma de trabalho deles gerava atraso nos compromissos das pessoas.

É claro, ninguém quer ficar em uma fila esperando.

Ninguém mais tem tempo para perder, a não ser que não tenha outra opção, sendo forçado a esperar no ponto uma oportunidade de aparecer um táxi que esteja voltando de uma viagem.

Ela se lembrou de uma lei chamada Lei de *Little*, que aprendeu na faculdade. Esta define que quanto maior a fila, maior *é* a espera.

O que os motoristas de aplicativos fizeram quando entraram no mercado, mesmo sem saberem, foi diminuir a espera e o esforço das pessoas.

As empresas usam a força de trabalho que esses motoristas oferecem e a tecnologia para automatizar os processos, assim, eliminam os desperdícios de espera para criar benefícios aos seus consumidores.

Rebeca aprendeu mais um outro aspecto que a tecnologia causa: *a disrupção*. A moça leu que *disrupção* é a mudança do estado atual dos processos de negócio e do mercado. Uma empresa de tecnologia pode explorar áreas do mercado que antes apenas os seus segmentos especializados podiam atuar.

Uma empresa de tecnologia digital e proprietária de um aplicativo pode entrar no mercado de transportes privados, que antes era dominado por empresas exclusivamente dessa área.

Para essas empresas de transporte, que antes eram exclusivas, sobrou um espaço pequeno de trabalho ineficaz, pois a tecnologia atual é capaz de antecipar-se à demanda e tomar o mercado.

Portanto, *não foram os motoristas* de aplicativos que tomaram os clientes dos *taxistas*, foi uma empresa digital que os recrutou e usou ferramentas digitais que ofereciam melhorias para as vidas das pessoas. Os motoristas de aplicativos são a força de trabalho, e a tecnologia autônoma encurtou a espera e o esforço destes quando são chamados pelo cliente, como se fosse de forma instantânea.

Apesar de não ser em tempo real e existir uma espera muito menor, os aplicativos eliminaram o esforço de se procurar um *táxi* e eliminaram o tempo de espera ao chamá-los para perto, onde os clientes estão.

De longe e escondida de todos, Rebeca observou o movimento das pessoas e do grupo de *taxistas*. Para ela, estava óbvio que os clientes, antes de desembarcarem no ponto, e para adiantar o tempo, já haviam chamado os motoristas de aplicativo, por isso não sobrava mais oferta de trabalho para o grupo do seu pai.

Já dentro dos ônibus que vinham do interior do estado de São Paulo usavam os aplicativos para chamar o transporte e ficavam com um olho no *smartphone* e o outro na rua, tentando ver se o carro já estava à espera.

Agindo assim, *não* percebiam a nova e perfeita sala de *check-in* dos motoristas do ponto de *táxi*.

Enquanto Rebeca observava, eis que na sua frente passou um motoqueiro, desses que entregam comida que se pede por aplicativo.

Pelo horário, em algum lugar alguém havia pedido o almoço e o motoqueiro estava indo entregar.

Foi como se acontecesse um estalo na cabeça da moça.

O motoqueiro está fazendo a mesma coisa que os motoristas de aplicativo. Aliás, ele também era um profissional de aplicativo.

Ao chegar no horário de almoço, alguns motoristas do ponto receberam, como de costume, as marmitas que pediam para o restaurante da Dona Juliana, que era esposa do Melo, um dos motoristas do ponto.

Como Rebeca conhecia a família, ligou para a sua amiga Melissa, que era a filha do Melo e da Dona Juliana, elas estudavam na mesma classe e foi onde elas mais se aproximaram. Elas já se conheciam dos encontros de famílias que os motoristas realizavam.

Rebeca iniciou a conversa com a seguinte pergunta direta e sem rodeios:

— Oi, Melissa, tudo bom com você? Como está o movimento de entregas de marmitas aí no restaurante da sua mãe?

Melissa achou estranha uma pergunta tão direta, mas mesmo assim respondeu:

— Está tudo bem e com você? Bom dia. O movimento do restaurante caiu muito.

Rebeca continuou com o assunto:

— Você notou se os pedidos de entrega caíram nessas últimas semanas?

— Sim, caíram bastante e não sabemos o que fazer. Eu dei a ideia para minha *mãe* contratar algumas pessoas para distribuir folhetos de publicidade na rua. Rebeca, qual o motivo de tanta pergunta? — Questiona Melissa, muito curiosa.

Rebeca insistiu:

— Isso começou a acontecer desde quando surgiram esses motoqueiros que fazem entregas?

— Percebi que sim, começou este ano e as vendas caíram tanto que tivemos que demitir algumas pessoas para investir em propaganda, que não está dando resultados.

Rebeca chegou à conclusão definitiva de que a tecnologia automatizou os passos e processos de trabalho. Mudou a forma em que as pessoas executam as suas atividades, em que assumiram o papel de usuárias de processos automatizados para facilitar trabalho de procurar um taxi pelas ruas movimentadas. Além de eliminar os desperdícios como os erros e retrabalho, elimina filas de espera, diminuindo os custos e os riscos gerados pelo tempo gasto em muitas atividades.

A estratégia de se gastar um valor considerável nos processos foi ótima para uma época passada, digna de planos e de projetos de longo prazo e caros. Porém, atualmente, não é possível para os empresários lutar contra o fator da tendência de tecnologia. Eles precisavam de alguma forma usar a fraqueza ao próprio favor e colaborar com os clientes, atendendo *à* demanda sem gerar filas de espera no meio da rua.

Ela se encontrou com a Melissa lá no restaurante e explicou toda a situação. Ao colocarem as cartas na mesa, perceberam que existia um padrão nas duas situações. Em ambos os casos os efeitos e as práticas eram as mesmas. Toda demanda de trabalho luta contra a espera e os atrasos, os passos e processos de trabalho podem ser automatizados pela tecnologia.

Rebeca comenta com a Melissa:

— Precisamos saber qual é, ou quais são as empresas por trás de toda essa automação.

Imediatamente as garotas começaram a pensar em possíveis ideias para ajudar o restaurante e o ponto de *tá*xi. Mas elas não estavam pensando na causa raiz do problema.

Nas suas pesquisas, descobriram que empresas estão intensificando seus investimentos na digitalização e na robotização dos processos, e o Brasil estava na rota dessas empresas. E perceberam mais claramente um padrão, como se uma única empresa estivesse por trás de todas essas mudanças.

Rebeca leu em um artigo: "O termo robô apareceu em 1921".

Imediatamente pensa: como pode uma peça teatral determinar uma tendência na área de tecnologia praticamente cem anos depois?

E continua:

— Se eu pudesse voltar no tempo assistiria a essa peça, *Robôs Universais Rossum* (RUR), nela a responsabilidade do trabalhador foi transferida para o termo *robots*. Karel Capek foi um escritor tcheco que criou uma palavra tão universal que hoje é utilizada nos quatro cantos do mundo e agora significa: *futuro do trabalho*.

— E olha que eu achava que *robots* era um vocábulo do inglês — Rebeca comenta.

Ela continua:

— Ah! Me parece que os anos 1920 foram incríveis. O início da ficção científica, com revistas e arte popular dedicadas para satisfazer a curiosidade de quem gostava do assunto. Surgiram tantos escritores, especialistas no assunto e muitos livros que eu queria ler. Isaac Asimov! Como eu queria conhecê-lo pessoalmente. Além de entreter uma sociedade inteira com suas estórias, que mesmo sendo ficção, eram científicas. Ninguém na década de 1920 sabia muito a respeito de tecnologia. Ele está sendo o responsável por saciar meus conhecimentos e ambições, tantos anos depois. Foi Asimov que definiu as *Três Leis da Robótica*.

Rebeca seguiu dizendo:

— Asimov, em seu livro *Os novos robôs,* fez a minha cabeça de vez com a sua opinião que o homem está criando um senhor para si mesmo, quando *não* padronizam em suas criações robóticas as três leis.

Ela insiste no pensamento:

— Essa ideia deve ser mesmo uma herança dos enredos das revistas e peças da época. Os robôs criados pelo homem sempre destruíram o seu criador, assim como aconteceu com Frankenstein e Rossum. Bem que Asimov tentou orientar a ideia de que as máquinas robóticas e pensantes deveriam nos imitar e trabalhar para gente. Porém, ao contrário de sua orientação, como uma teimosia *rastaquera,* estão criando seres que podem ser os próximos perigos para a humanidade.

E a jovem se encheu de coragem e assumiu uma missão muito desafiadora: continuar, como uma missão pessoal e insólita, o pensamento de que as máquinas são trabalhadoras para servir as pessoas.

Para a moça, *não existe problemas* na automatização do trabalho, desde que as pessoas respeitem a própria humanidade. São os seres humanos que configuram os *cérebros posotrônicos digitais* dos robôs. Cada elemento de *hardware, software* e linha de código de tomada de decisão de um robô é projetada pelo ser humano.

Rebeca fez sérios questionamentos que deveriam ser colocados em *outdoors* para que todos os poderosos e inovadores da atualidade pudessem refletir com ela, tais quais: *não há espaço no mundo para* uma coexistência? Ou *é verdade que o* mesmo questionamento de retrocesso de Asimov é o único caminho? Para o autor, essa volta também significa renunciar a própria evolução do homem.

E, como num passe de mágica, veio uma voz em sua consciência dizendo sobre a important*íssima afirmação do* seu autor recém-descoberto, que diz que cada ferramenta que a humanidade criou possui os seus dispositivos que o homem criou para protegê-lo: assim como no livro de Asimov, onde a faca tem um cabo para segurar e não machucar a mão da pessoa, então Rebeca concluiu que os fios têm isolantes para que não nos deem choque.

Mas Rebeca foi além, e atualizou a mensagem para os seus dias. Talvez pelas suas experiências e pelas tecnologias disponíveis em sua época e complementa a aplicação da mensagem: os automóveis têm os freios ABS e os *airbags*. Os carregadores dos *smartphones só podem ser ligados nos seus cabos de energia de uma única forma para que não queimem. Os sistemas e aplicativos* têm senhas para proteção dos dados que pertencem aos usuários, aliás, existem leis para proteger os dados que são usados na *Internet*.

A tecnologia atual mostrou para ela que temos total capacidade de nos proteger de forma definitiva e saudável. Enquanto aos robôs, mesmo na forma de *softwares*, cabos e sistemas embarcados poderiam ser criados com a proteção necessária para que não tragam problemas ao ser humano e para não serem usados em atividades que trariam malefícios aos seres humanos.

Ela pensa mais um pouco: ou será o próprio homem o perigo para si mesmo? Essa ideia veio à cabeça da garota depois que ela assistiu na *Internet* a um vídeo que noticiava a respeito das negociações da ONU com as nações que faziam parte do grupo dos Quatro Poderes.

A interminável guerra geopolítica entre essas nações fez com que as suas tecnologias de guerra robótica evoluíssem para o uso de drones e robôs assassinos. O problema que o vídeo trouxe para reflexão foi a exclusão das diretrizes de proteção aos seres humanos. Tais diretrizes utilizavam as Três Leis da Robótica de Asimov. O livro *Os novos robôs* definiu as seguintes leis: na Primeira Lei, um robô não pode, de maneira nenhuma, ferir um ser humano ou permitir que um ser humano sofra algum mal. Na Segunda Lei, um robô deve obedecer às ordens dos seres humanos, exceto nos casos em que entrem em conflito com a Primeira Lei. E na Terceira Lei, um robô deve proteger a sua própria existência, desde que tal proteção não entre em conflito com as duas leis anteriores.

Mas, conforme os ministérios de desenvolvimento de guerra dos países desenvolvedores de tecnologia *bélica*, os seus equipamentos já são capazes de identificar os seus alvos com extrema certeza e a inclusão de regras e diretrizes deixaram os sistemas embarcados de seus *cérebros positrônicos digitais* mais lentos.

Os delegados da ONU têm se reunido com os seus representantes para discutir a situação. Na conclusão da moça, um medo instaurado que não deveria existir, *já que são os humanos que determinam os ataques.*

A jovem percebeu que como no exemplo de Asimov, desde 1940 houve iniciativas de humanizar a criação dos robôs. Mas Rebeca estava tendenciosa em responder que os robôs são tão perfeitos em ser a imagem do ser humano, que o caminho é a própria escravidão, a exemplo da própria humanidade.

Mas, a pergunta que ainda fica na cabeça dela é: será que é do robô a sede de poder e a ganância?

A tecnologia conquistou o que o homem projetou e a ofereceu de forma gratuita, agora temos muitas oportunidades e impactos que nos oferecem inúmeros desafios para o futuro. Entre os impactos, temos os resultados nos problemas *sérios nos empregos e nas políticas públicas.*

Rebeca leu um artigo de Darrell West, o artigo deste famoso economista e escritor trouxe para a jovem a dimensão desses problemas, quando o próprio West (2015) se espantou em como as novas tecnologias já estão presentes em nosso dia a dia. Um dia ele solicitou à sua assistente que reagendasse uma reunião que ele não poderia comparecer. Quando ela entrou em contato, descobriu que se tratava de uma assistente virtual.

Nesse exemplo, a Inteligência Artificial foi capaz de ler, entender e responder *e-mails*, reagendar reuniões, interpretar as necessidades e trazer as melhores soluções.

Para esse autor, as tecnologias emergentes da *Indústria 4.0*, que são os robôs, a inteligência artificial, os algoritmos, os sensores móveis, a impressão *3D* e os veículos não tripulados, já são realidades e estão transformando a vida humana.

Se a sociedade precisa de menos trabalhadores por causa da automação e da robótica e se muitos benefícios sociais são proporcionados por meio dos empregos, como as pessoas que estão fora do mercado de trabalho, muitas delas por um longo período, receberiam os serviços de assistência médica e alimentação?

Ao finalizar a leitura do artigo, chegou *à* conclusão de que as pessoas condenam o desenvolvimento dessas tecnologias e se preocupam com os *impactos desumanizadores* que estão causando. Mas além de focar apenas nos impactos negativos, as pessoas precisam identificar como as tecnologias emergentes estão afetando o emprego e as políticas públicas.

Então, ela começou a estudar o impacto da tecnologia nas cidades e como favorecer o uso com políticas de utilização social, de forma a ajudar na força de trabalho humana. A importância das políticas públicas está na oferta de provisão de saúde e outros benefícios sociais, mesmo fora de um vínculo de trabalho oficial.

Nesse caminho, idealizou o que seria uma *Smart City*, isto é, uma cidade inteligente.

Em suas pesquisas, descobriu que o Japão tem o maior número de robôs, seguido pela América do Norte, China, Coreia do Sul e Alemanha.

Também relacionou muitas razões para o aumento de robôs e *softwares* no mercado de trabalho, tais como: oferta de empregos mais especializados para uma melhor qualidade de vida das pessoas. A diminuição no custo da tecnologia pela aplicação nas indústrias, onde antes não eram viáveis, pode fazer com que o nível de tecnologia e a capacidade dos robôs tenham aplicações em ações sociais e de ajuda humanitária.

Os hotéis poderão utilizar os robôs no *check-in* para acompanhar os hóspedes até os seus quartos e até carregar as suas malas. Além de apresentar as atrações e eventos das cidades aos turistas.

Poderão informar a previsão do tempo e ainda controlar a temperatura e a iluminação das salas de reuniões e quartos de hóspedes.

As empresas de *e-commerce* terão a oportunidade de investir no desenvolvimento de robôs autônomos para movimentar os objetos mais pesados das prateleiras e colocar em caixas maiores, deixando os materiais mais frágeis e leves para os trabalhadores humanos. Muitas dessas empresas poderão reorganizar o trabalho de seus colaboradores de seus depósitos, oferecendo mais qualificação em serviços mais prazerosos e desenvolvimento de produtos mais inovadores.

Outra aplicação que poderia ser usada com robôs e os *softwares são os* que ajudam aliviar o *stress* por meio de um jogo que analisa a saúde mental das pessoas.

Os algoritmos computadorizados — que são códigos de programas de computadores —, que fazem parte dos códigos inteligentes, substituem as análises humanas para direcionar as ações autônomas. Já podemos ver isso nas bolsas de valores, onde as pessoas enviam, compram e vendem, e os computadores organizam os dados com muito mais rapidez, sem a intervenção humana.

Como os seres humanos não são muito eficientes em identificar os diferenciais de preço, os computadores poderão usar fórmulas matemáticas complexas para determinar onde existem oportunidades de negociação para as empresas e colocar as pessoas prontas para as negociações.

Rebeca percebia as possibilidades de coexistência, claramente.

No conceito que Rebeca adquiriu, a inteligência artificial *(IA)* dá capacidade às máquinas em responder aos comandos dos seres humanos. A *IA* incorpora aos seus códigos de computadores o raciocínio e o julgamento crítico nas decisões de suas respostas, como se fossem as pessoas.

Antes, a *IA* era considerada um avanço visionário, mas agora já é realidade e está sendo aplicada em diversas áreas, tais como: finanças, transporte, aviação, telecomunicações e atendimento aos clientes. Os sistemas especialistas tomam decisões que normalmente exigem um nível de conhecimento humano muito experiente.

Os sistemas ajudam os seres humanos a antecipar problemas ou lidar com as dificuldades mais rapidamente *à* medida que surgem. Existe uma aplicabilidade crescente da *IA* em muitos setores, a qual está sendo usado para substituir o ser humano em várias áreas, como: na exploração espacial, fabricação avançada, transporte, desenvolvimento de energia e assistência médica. Ao explorar o extraordinário poder de processamento dos computadores, os seres humanos complementar*ão* suas próprias habilidades e melhorar*ão* a produtividade por meio da *IA*.

A realidade aumentada trará tecnologias 3D e *displays* gráficos ao dia a dia das cidades. Permitir*á* que as pessoas complementem os sentidos comuns com o uso dos gráficos, vídeos e sons gerados por computador. Muitas empresas mapearão as imagens do mundo físico e estas serão simuladas no mundo virtual para que os usuários possam interagir com diversos novos recursos.

Estamos caminhando para uma era de *displays* e de laboratórios digitais, em que as imagens serão projetadas em qualquer superfície para interação das pessoas. Usando quaisquer dispositivos portáteis ou sensores, eles podem se mover pelas edificações, simular condições de trabalho e vida, encenar respostas a desastres ou mergulhar na realidade das cidades.

A jovem descobriu, então, que algumas das aplicações mais avançadas vieram das forças armadas, onde já usam a realidade aumentada para treinar seus soldados nas ruas em condições de crises. Isso permite aos soldados experimentar muitas circunstâncias que ainda não experimentaram, a partir da segurança de um laboratório virtual.

Já na área de saúde, a comunicação entre as máquinas com os sensores digitais de monitoramento remoto irá ajudar muito. Existem sensores para registrar os sinais vitais e os transmitirem eletronicamente aos médicos. Pacientes cardíacos terão monitores de análise da pressão arterial, níveis de oxigênio no sangue e batimentos cardíacos em dispositivos m*ó*veis, como *tablets* e *smartphones*. As leituras são enviadas por *e-mail* ou mensagem instantânea ao *médico, que ajusta os medicamentos conforme os dados* estudados e atua antes de uma ambulância chegar, adiantando o atendimento e aumentando a sobrevida dos pacientes. Segundo os médicos, será possível demonstrar uma redução significativa nas internações hospitalares com essas análises prévias.

Também existirão dispositivos e sensores que medirão processos biológicos, químicos ou físicos, e receitarão medicamentos ou intervenç*ões* com base nos dados. Eles ajudarão as pessoas a manter uma vida independente *à* medida que envelhecem.

A impressão aditiva terá uma importância incrível nas cidades inteligentes. É a garantia de impressão de *cópias exatas de produtos partindo de um modelo 3D* utilizando *software* e impressora adaptada. Ser*á* utilizada na área de fabricação para itens compostos por um único material, isso também transformará a fabricação e a entrega de produtos, alterando as cadeias de suprimentos.

As empresas que eram costumadas em solicitar produtos e peças em estoques centralizados e enviá-los para milhares de quilômetros, agora poderão reduzir drasticamente a logística de remessas. Diminuindo incrivelmente o trânsito de veículos de entrega nas cidades inteligentes. Os clientes enviarão as especificações por mensagem, de qualquer lugar do mundo, e as empresas farão as impressões para os seus clientes imediatamente. A previsão é que, no futuro, a demanda por serviços de impress*ão 3D* aumentar*á* à medida que as especificações de projetos se tornem mais variadas, e as empresas irão imprimir itens compostos por mais de uma matéria-prima.

Nas cidades inteligentes, expandirá exponencialmente o mercado de impressão aditiva, que facilitará muito a transformação da produção menor, fazendo com que as grandes fábricas se mudem para o interior, desenvolvendo mais ainda o país.

Os automóveis e drones autônomos criarão mercados e executarão funções que costumavam exigir intervenção humana. As empresas já estão testando seus carros que serão utilizados como se fossem dispositivos *móveis com* um nível notável de desempenho.

As estatísticas já mostram que os carros autônomos sofrem menos acidentes que veículos dirigidos por pessoas.

Drones não tripulados estão sendo usados para uma variedade de propósitos. Em muitos países, as autoridades pretendem usar para controle de multidões. Sempre que há uma extensa violência ou ataque, a polícia poderá enviar os *drones* com *sprays* de pimenta e câmeras para dispersar as pessoas, enquanto as câmeras identificar*ão* as pessoas que deverão ser detidas pela polícia. As autoridades policiais afirmam que esses dispositivos serão muito eficazes para ajudar a restaurar a ordem nas cidades inteligentes. Eles também serão usados no setor imobiliário, agricultura, entretenimento e gestão da vida selvagem. As pessoas utilizarão para fotografar propriedades, monitorar infestações por pragas nas lavouras e gerenciar *áreas* florestais e indígenas. Isso ajudará as autoridades nas *áreas de difícil acesso,* pois rastrear*ão* problemas de forma autônoma, sem que os humanos precisem se dirigir até os pontos geográficos críticos e perigosos.

Se a tecnologia for utilizada sem um estudo aprofundado e humanizado, substituirá o trabalho das pessoas, e isso tem consequências dramáticas para os empregos e rendimentos da classe trabalhadora. No futuro, as máquinas poderão fazer o trabalho de uma grande porcentagem da população e essas pessoas não conseguirão encontrar novos empregos. O problema é que muitos dos empregos não vão mais existir em algumas décadas. Entre eles, estão os operadores de telemarketing, examinadores de títulos, matemáticos, corretores de seguros, agentes de carga, contadores, técnicos de bibliotecas, especialistas em entrada de dados etc.

Deverão ocorrer estudos e oportunidades para que as pessoas possam migrar de atividades. Entre as que irão surgir ou continuar, estão os terapeutas recreativos, supervisores mecânicos, assistentes sociais em saúde, terapeutas ocupacionais, cirurgiões dentistas e nutricionistas.

Entre os impactos tecnológicos positivos estão o armazenamento das informações de registros médicos, compartilhando e integrando todos os dados com mais segurança.

Por outro lado, Rebeca tem muitas incertezas sobre os impactos na força de trabalho humana: muitos ficarão desatualizados em relação às necessidades da demanda de trabalho que *irão* surgir. Mas, para que as pessoas tenham mais oportunidades de se atualizar, estamos entrando em um momento de grandes oportunidades. Elas *já podem usar a tecnologia para criar capturas de valor, tais como um trabalho extra usando* a *Internet* como ambiente de trabalho remoto.

Rebeca para de ler e pensa: se os meus cálculos estiverem corretos, e as tendências atuais continuarem, *é provável* que na geração, a partir de agora, um quarto dos homens de meia idade estarão sem trabalho a qualquer momento. Esse efeito será uma tendência em vários grupos da sociedade, independentemente da idade, gênero, renda, raça ou etnia, trazendo muitos riscos ao trabalhador, até mesmo as pessoas mais riscas. Muitos *têm* o receio de que a tecnologia possa eliminar os empregos, reduzir seus rendimentos e criar uma subclasse permanente de pessoas desempregadas.

Rebeca se pergunta mais uma vez: se a inovação tecnológica permitir que as empresas forneçam bens e serviços com muito menos funcionários, o que isso significa para os trabalhadores? Para os governos serão mais custos com distribuição de benefícios como pensões, assistência médica e seguro.

Então Rebeca se depara com um grande problema: a maioria dos benefícios estão ligados ao emprego, isso poderá afetar a prestação dos benefícios sociais. Então a humanidade terá que encontrar formas de oferecer benefícios fora do vínculo empregatício. A chamada *flexisegurança* ou *segurança flexível* que separa a provisão de benefícios dos empregos, oferecendo assistência médica, educação e assistência habitacional de forma universal e o uso de uma carga horária menor de trabalho.

A jovem verifica na *Internet* que nos últimos anos cresceu o número de subempregos, enquanto de empregos efetivos caíram consideravelmente e, com isso, a garantia básica de renda para as famílias em todo o mundo. Nessa mesma consulta, ela vê inúmeras críticas *às* mudanças tecnológicas, principalmente, na percepção de que estão retirando o valor agregado do trabalho humano.

Ela anota num canto do caderno: "é preciso haver um meio para as pessoas adquirirem novas habilidades e novos conhecimentos ao longo de suas atividades".

Para Rebeca, nasce então uma luz de valor em uma iniciativa que poderá ser a maior qualidade do ser humano e que, em sua consciência, é impossível de uma máquina realizar: o voluntariado e o serviço social.

Rebeca disse:

— Ajudar outras pessoas é treinar a próxima geração ou fornecer assistência aos menos afortunados na sociedade.

E quando a Rebeca descobriu que os jovens são os mais interessados, abriu um sorriso incrível. Ela se viu em diversas frentes de apoio ao trabalho e ao lazer para ajudar as pessoas.

Ela volta para o caderno e faz uma anota*ção* em que ela poderia ajudar as pessoas: no mundo de hoje é importante que as escolas não treinem estudantes para empregos que não existirão no futuro, fornecendo apoio curricular.

Ela entende que o sistema educacional precisa de uma revisão. A educação tem que vir com o pacote certo para resolver essas novas demandas.

Rebeca defende que as instituições acadêmicas não podem ensinar métodos, técnicas e ferramentas que não irão existir no futuro.

Então, ela planejou montar uma plataforma utilizando ferramentas gratuitas na *Internet* para apoiar a qualificação profissional de alunos recém-formados e criar um *hub* empresa-escola.

Ela disse:

— Já sei! E se as empresas trouxessem seus problemas para que os alunos aprendam mais, resolvendo os problemas dessas empresas?

Continua a jovem:

— Isso ofereceria menos custos para as pequenas empresas e visibilidade para os alunos no mercado de trabalho.

Ela pensa consigo mesma: as pessoas não podem mais perder tempo, por isso, tem de haver um alinhamento estreito dos currículos e habilidades necessárias para os trabalhadores. Os programas acadêmicos mais atualizados estão focados em ensinar a colaboração e o trabalho em equipe, e não mais a competitividade. E como o ser humano é uma criatura especial e rica em qualidades estimáveis, é possível que a tecnologia da informação e os robôs eliminem os trabalhos tradicionais e tornem possível um novo trabalho artesanal com uma economia voltada para a autoexpressão, onde as pessoas *façam* coisas mais artísticas e criativas.

Para a moça, os próximos passos para a sociedade são: criar maneiras com menos trabalhadores. Resolver os problemas antes que ocorram as demissões. Realizar novos contratos sociais. Pensar em novas formas de renda. Desvincular os trabalhos dos benefícios e renda básica. Ter um novo sistema econômico com menos trabalhadores.

A força de trabalho humana se tornar*á* mais obsoleta e teremos que tratar de questões de lazer, desempregos. crescimento da pobreza, sociedade instável e mais incentivo ao voluntariado.

Em suas pesquisas, descobriu que existem empresas globais de tecnologia. Estas serão mais presentes no mundo todo, sendo donas de outras companhias de tecnologia.

Uma delas é dona da maior empresa de aplicativos de automatização de entregas e transporte do Brasil. Esta empresa é a Moravech S.A., uma empresa mundial que não tem uma sede física, sendo totalmente virtual com um registro na própria OMC (Organização Mundial do Comércio), sendo uma empresa com cadeira fixa nas reuniões mundiais sobre o comercio e com poder de voto.

O braço empresarial da Moravech no Brasil se chama Elttil Digital S.A., que é a empresa que está por trás das principais iniciativas de serviços automatizados no Brasil.

Esta empresa tem a mesma visão de robotização e digitalização do trabalho que tem a Moravech.

Rebeca, em posse das poucas informações sobre as duas empresas, percebeu que elas criaram um padrão de trabalho digital de automatizado por software e uso de robôs e *softwares*.

A Moravech atua no mundo todo, comprando pequenas empresas, como a Elttil Digital S.A. Muitas delas são donas de tecnologia de ponta, mas apresentaram no passado dificuldades para continuar as suas operações e até estavam em processo de falência.

Com essa estratégia, a Moravech se tornou global e politicamente forte, e na OMC *pôde adquirir os mais diversos conhecimentos* estratégicos sobre tecnologia digital e processos de negócio, tornando-se a maior empresa do mundo.

A Moravech impôs a sua visão de atuação de automação em todas as empresas que gerencia, por meio de uma empresa com sede digital, que uniu as empresas físicas menores com a gestão remota criando o conceito de *gêmeo digital.*

Rebeca ficou extasiada com este conceito: gêmeo *digital,* o que será isso?

A moça abriu um site de pesquisas e digitou: *conceito de gêmeo digital.* Como resultado da pesquisa leu que: *é* a capacidade tecnológica de uma empresa criar simulações virtuais, gerando melhores ideias e respostas sobre a funcionalidade de produtos, inovações e serviços reais. As empresas mais conceituadas da atualidade citam que *gêmeos digitais são uma das tendências mais importantes da área de tecnologia, tanto para o presente, quanto para os próximos anos.*

Já é considerado o grande benefício da Quarta Revolução Industrial. Os *gêmeos digitais são simulações virtualizadas de produtos e serviços,* criadas a partir da integração que usam sensores em elementos *físicos.* Os dados desses elementos *são conectados para coletarem os comportamentos e o*s projeta em um ambiente virtual, criando uma cópia exata para que as máquinas possam entender o ambiente como se fossem o mesmo ambiente delas.

Com essa cópia, a operação da empresa no mundo real acontece dentro desse mundo virtual e simulado. Este processo alimenta muitos dados e algoritmos e d*ão capa*cidade para as máquinas trabalharem no lugar dos seres humanos. Rebeca descobriu que as simulações são capazes de fornecer dados de desempenho em diferentes hipóteses de erros e melhorias. Gerando ideias mais aprofundadas sobre as funcionalidades dos elementos reais, esses dados são coletados com muito mais rapidez e bem menos custos.

A estratégia da Moravech é converter todos os processos de trabalho do mundo que sejam difíceis ou geram alto custo e esforço para o ser humano, e assim passar para que um robô ou *software* os realize, como se fossem *gêmeos digitais*.

O que a Moravech ainda não faz é realizar o trabalho fácil e natural de um ser humano, isto é, que seja custoso ou de muito esforço para uma tecnologia de robôs ou softwares fazerem, por causa de suas limitações em imitarem os humanos.

A empresa tem feito a digitalização e automação da maior parte dos postos de trabalho no mundo e tem criado um império empresarial e político. Não se divulga quem é o proprietário da empresa, apenas seus representantes para a realização dos negócios em todo o mundo. Esse poder tecnológico e político tem criado um paradoxo entre as políticas e práticas de trabalho. Ao contrário de preservar o conhecimento e a diversidade da inteligência humana, está padronizando o trabalho mundial, transformando os processos que são difíceis para o ser humano realizar, facilitando o uso da *IA* como base de força de trabalho.

A *IA* tem convergido todos os contextos dos problemas lógicos e complexos do ser humano para que ela mesma possa resolver todas as situações da sociedade. Desta maneira, o trabalhador humano tem se tornado dispensável e ultrapassado para facilitar a vidas dele mesmo.

A coexistência entre homem e máquina é de suma importância para a economia das famílias e, desta forma, para a subsistência da raça humana. Neste pensamento, as máquinas assumiriam apenas o que não seria seguro um humano realizar, como atividades em que haveria o extremo risco para a saúde humana. As máquinas seriam nossas auxiliares e trabalhadoras para os interesses dos seres humanos e não de uma empresa específica, em prol de seus lucros.

A Moravech S.A. *não usa um ponto ideal para* essa coexistência e tem enfraquecido os postos de trabalho das pessoas em todo o mundo. Atua em desunir as habilidades mútuas entre as nações e determina a atuação dos líderes de empresa de todo o mundo, age forçadamente para que adotem esta visão digital do trabalho. Quem atuar em outro caminho *é* isolado e exterminado do mercado.

Rebeca percebeu que a inteligência do ser humano possui alguns predicados que as máquinas não têm e disse:

— A inteligência linguística, espacial, musical, intrapessoal, interpessoal, naturalista e emocional. Estas coisas as máquinas não podem fazer. Nós humanos podemos fazer mais coisas porque temos no nosso espírito a emoção, somos criativos, temos imaginação, podemos adotar a ética, temos valores pessoais e familiares.

Ela continua:

— Nossa consciência é ativa, para podermos ter compaixão e empatia pelas pessoas. Nossa intuição nos leva para um mundo consciente mesmo utilizando o nosso pensamento abstrato.

Na opinião da garota, somos melhores que as máquinas por não pensarmos de forma fria e apenas binária.

— Será que pode haver uma coexistência em que as máquinas serviriam os homens? Eu acho que sim! Somos os donos desse mundo e devemos ser otimistas. A humanidade nunca será oprimida pelas empresas e pelas máquinas. Devemos sempre ter um olhar otimista e buscar uma relação sadia deste cenário. — Disse a garota.

Na cabeça da Rebeca, a dicotomia estava entre a história que o homem estava escrevendo, e o que deveria estar sendo construído, como uma conjunção dos tipos de trabalho.

Como um mundo baseado na cocriação, em que as empresas buscariam formas de manter as famílias saudáveis e que o dinheiro e o poder não fosse a prioridade.

Rebeca continuou em sua reflexão:

— As máquinas entendem padrões, já o ser humano consegue trabalhar em um mundo complexo, despadronizado e criativo, e tem sensibilidade para buscar algo novo e se adaptar, e estes aspectos da natureza do homem um dia farão falta. Não podemos ter medo das máquinas, afinal, elas nos obedecem. Por isso devemos usá-las para trabalhar para nós.

O maior medo da moça estava na própria humanidade. Quando ela olha no outro lado do laboratório da faculdade — onde estava estudando —, *vê um quadro branco onde três perguntas faziam muitas provocações:* que transformações estão influenciando a área que você trabalha? Como você está se preparando para essas mudanças digitais? Quais as formas de digitalização e automação sua empresa está adotando e o que as pessoas estão aprendendo para utilizar estas tecnologias para que as ajudem no trabalho pesado?

Ela olha para a Melissa — que também estava no laboratório — e puxa um assunto:

— É impossível prever o futuro, mas precisamos entender que a única coisa que podemos prever é que o mundo muda sempre e as coisas nunca serão eternas. Estamos todos muito travados no mundo que não existe mais. O mundo atual é digital e cheios de possibilidades.

UM NOVO MUNDO DIGITAL

A cidade de São Paulo estava cada dia mais conectada aos dispositivos digitais em redes *wi-fi* distribuídas.

Tudo era controlado remotamente: os sinais de trânsito, a iluminação pública, os radares de velocidade, sendo esses controlados por sensores espalhados na cidade que trocavam os sinais de informação pelos que os automóveis enviavam o tempo todo com a telemetria das ruas e esquinas da capital paulista. As câmeras de segurança, que foram instaladas na cidade toda, e o trânsito eram controlados de forma a apoiar as ambulâncias e as viaturas policiais na segurança da cidade.

Os alagamentos eram monitorados por medidores de níveis digitais, nos pontos de mais periculosidade, os efeitos climáticos eram monitorados e analisados por sondas atmosféricas espalhadas pela cidade, o ar contido nos maiores edifícios da capital paulista era analisado por sensores digitais para prevenir incêndios, acidentes com gás encanado e níveis de gases tóxicos para as pessoas.

Todas as antenas de sinal de empresas de comunicação eram integradas e emitiam informações importantes para a vitalidade da cidade, garantindo a plena comunicação e acesso à *Internet*.

As rondas da polícia eram realizadas por *drones* equipados com câmeras. Estes robôs sobrevoavam a cidade monitorando as pessoas, evitando ações criminosas e problemas no trânsito, além de identificar pessoas em situação de vulnerabilidade.

O próximo passo para a *Smart City SP* estava na adoção de uma infraestrutura possível para a expansão do uso de carros elétricos. Esse assunto estava gerando muitas discussões, pois ainda não havia muitas possibilidades de cargas gratuitas ou de baixo custo. Existiam pouquíssimos pontos de abastecimento elétrico na cidade.

A Jovem Rebeca se lembrou das sondas *Voyager* 1 e *Voyager* 2, que estão a cerca de 40 anos no espaço profundo, nos limites do nosso sistema solar com a mesma bateria atômica blindada. Ela se pergunta o tempo todo: por que esse tipo de energia limpa e barata não pode ser usada na rua? Afinal, gasolina e álcool também podem ser perigosos para a população e causam grandes acidentes.

Rebeca geralmente saía de casa com seu pai — ele sempre dava carona para a jovem de manhã até o metrô Vila Madalena. Ela usava o metrô para ir para a faculdade e de lá Jorge saía para o seu trabalho.

Ela se despediu do querido pai, foi em direção à catraca do metrô e, como num passo sincronizado, pegou o seu cartão de passagem do metrô e entrou na fila.

Como era muito observadora, notou algo de estranho no homem à sua frente na fila da catraca. Ele era diferente das demais pessoas, havia um ar frio no seu semblante. Ele se movia estranhamente sincronizado e parecia se comunicar aos componentes eletrônicos e digitais em sua volta.

A catraca do metrô pareceu se comunicar com ele. E, como num passe de mágica, não usou o cartão de passagem para que a catraca fosse liberada. Ela notou que o leitor debitou o valor da passagem de algum lugar, mesmo sem passar um cartão.

O *Homem Gelado* continuou o seu caminho e alguns metros antes de chegar à escada rolante, diminuiu a velocidade para ele pisar — parecendo se conectar a cada equipamento eletromecânico ao seu redor.

No caminho, ela perguntou para um funcionário do metrô se a escada não possuía a função de controle de velocidade por presença. Não havia a possibilidade de a escala diminuir a velocidade de forma automática.

O olhar do homem era focado, ele não olhava para o lado, tanto que não percebeu a insistência da moça em sua curiosidade. Ela manteve seus olhos fixos nele e notou a sua aparência gelada em relação às demais pessoas.

Como a linha do metrô seguia para apenas um itinerário, foi fácil entrar no mesmo vagão que o homem. Ela continuou em uma análise minuciosa e curiosidade extrema de criança, como nos momentos que elas encaram alguém tentando descobrir alguma coisa e sempre acabam levando uma bronca da mãe.

Mas como a mãe de Rebeca não estava ali, ela podia aproveitar a investida, assentada no banco da frente do *Homem Gelado* — foi um lugar estrategicamente escolhido pela moça.

Ela fazia vários questionamentos para si mesma: nossa, que homem estranho, um ar congelante e sem alma. Ele não interage com nas pessoas ao seu redor? Ele não pisca e olha as coisas, como se fizesse cálculos o tempo todo.

Nesse momento, uma senhora que estava assentada ao lado do homem deixa cair o seu smartphone. Ele olha para o aparelho e, com um incrível reflexo, pega o aparelho antes que ele toque o chão. Ele o entregou para a dona e disse com um ar de muita seriedade e frieza:

— Tome aqui! Consegui pegar e antes que quebrasse todo no chão.

A mulher abriu um enorme sorriso e, aliviada, disse:

— Muito obrigada, senhor.

Rebeca notou pelo menos algumas coisas: engraçado, ele não sorriu, qualquer pessoa reage a um sorriso espontâneo. E que reflexo incrível!

Ela reflete melhor: ah, deixa disso, ele falou com a mulher. Acho que estou ficando paranoica.

Nesse exato instante, Rebeca recebe uma ligação de uma voz que dizia:

— Estamos ligando da sua faculdade e esta é uma ligação automática. Queremos te informar que você foi aceita no programa de Mestrado em Projetos de Tecnologia e Inovação. Por favor, clique nas opções: 1, para registrar que recebeu a ligação. 2, para rejeitar. Ou 3, para falar com um de nossos atendentes.

Rebeca escolheu a terceira opção, para falar com o atendente, e, feliz da vida, pergunta:

— Alô, sou a Rebeca Martins, só para confirmar, quando começam as aulas?

A atendente responde:

— Olá, Rebeca, você foi aprovada! Um momento que estou procurando o seu contrato.

Rebeca aguarda do seu lado da linha.

— Rebeca, obrigado por aguardar, como o seu contrato ainda não foi assinado, ainda não consta calendário de aulas para você. Por favor, procure a secretaria acadêmica na faculdade.

Rebeca pergunta imediatamente:

— Você não poderia passar a ligação para alguém que pudesse me dar esta resposta?

A atendente responde:

— Sou apenas uma atendente automática, para esta informação você precisa aguardar o *e-mail* para assinar o contrato eletrônico. Por favor, poderia confirmar se o documento chegou em sua caixa de e-mail?

Rebeca responde assustada:

— Sim, chegou!

E emenda uma pergunta perturbadora:

— Mas como estou conversando com você se é uma mensagem automática? — A ligação fica em silêncio, como se a pessoa do outro lado não tivesse a resposta para aquela pergunta.

— Olá, Rebeca. A sua faculdade está investindo muito em tecnologia digital e *Inteligência artificial* para aplicar melhorias no seu atendimento. Peço que entre em contato com a secretaria e retire as suas dúvidas.

— Entendo, vou procurar a secretaria, muito obrigada. — Responde e finaliza a ligação. Nesse momento, a garota conecta todos os pontos sobre as descobertas que estava fazendo.

Ao voltar para a realidade, olha em volta no vagão do metrô e percebe que estava chegando na sua estação e não via mais o *Homem Gelado*.

E, ainda dentro da estação do metrô, recebe uma mensagem instantânea, que dizia: "Olá, Rebeca Martins, sou um *chatbot* do metrô de São Paulo. Seu cartão de passagem está sem saldo para sua volta e avaliamos que você sempre o utiliza para voltar ao seu destino de origem. Você deseja aproveitar incluir saldo no seu cartão passagem?".

Rebeca se espanta com tanta modernidade e facilidade e diz:

— Nossa, está tudo tão automatizado!

Ela aceita incluir saldo, afinal ela iria voltar de metrô. O aplicativo do seu banco se abre automaticamente. Ela efetua o *login* na sua conta e o saldo é incluído em segundos. Após isto surge a seguinte mensagem no seu *smartphone*: "O metrô hoje está operando em sua capacidade normal e sem atrasos. Deseja conferir os horários os próximos do trem?".

Ela negou este serviço, pois estava interessado em outro assunto.

Ela se senta em um banco da estação e abre o *e-mail* que recebeu. Dizia: "Parabéns, você foi aprovada para ingressar no curso de Mestrado em Tecnologia Digital e Inovação. Leia atentamente estas instruções para realizar a assinatura do seu contrato. A assinatura será realizada por meio digital e utiliza a tecnologia *blockchain* para garantir a segurança dos dados. Clique aqui para entender melhor sobre esta tecnologia".

É claro que Rebeca clicou no botão que dava as instruções necessárias para que ela abastecesse seu balde de informações com mais esta novidade. Ao clicar no botão a seguinte mensagem apareceu: "Olá, Rebeca, bem-vinda ao sistema de assinatura de contratos da faculdade. A *blockchain* é um sistema de registros compartilhados em uma rede distribuída, impossível de ser alterado ou invadido".

A mensagem ainda informava: "É usado para registrar e rastrear transações, informações e documentos. Por garantir a imutabilidade e a segurança, fez com que essa tecnologia seja utilizada confiadamente para transferir todo tipo de informação sigilosa, como efetivações de contratos". — Todas as pessoas ou empresas envolvidas no processo de movimentação das informações, tem a total visibilidade de quem está acessando os dados de todo o fluxo da informação, do início ao final do processo.

Nesse tipo de tecnologia de comunicação de dados, cada pessoa que tentar acessar o caminho da informação, precisa pedir a chave de acesso, que será validada o tempo todo.

No caso do contrato de Rebeca, por exemplo, apenas a faculdade e ela mesma poderiam acessar as informações do início ao final do processo de admissão no curso que ela estava ingressando.

Ela clica em: "Sim, assinar o contrato". E diz:

— Aí já é muita modernidade para mim. — E saiu andando para o seu destino.

No trajeto, ela andava pela rua observando as pessoas. Percebeu que havia *Pessoas Geladas* por toda parte. Elas se misturavam aos humanos nos bares, nas lanchonetes, nos ônibus, nos escritórios, na faculdade, nos automóveis como motoristas e até como entregadores. Rebeca percebeu que os *Gelados*, como ela passou a chamá-los, pareciam sempre como se fossem trabalhadores que executavam os serviços mais comuns, como se pudessem estar nos lugares onde eram os mais numerosos possíveis.

E surgiu uma resposta espontânea para uma dúvida de Rebeca: por que as outras pessoas não notavam os *Gelados*? Por que apenas ela os percebia? A jovem identificou que todas as pessoas estavam imersas em seus *smartphones*, como se estivessem em um mundo individual, interagiam por meio digital e *on-line* e eram conectadas pelos dados, sistemas e virtualização das mídias sociais.

Sua descoberta ficou mais evidente quando foi até o seu ginecologista e percebeu que, na pequena sala de espera, todas as mulheres estavam com as *caras enfiadas* nos *smartphones*, e notou que todas estavam interagindo nas redes sociais, ela pensa: poxa! Ninguém mais interage fora de um aparelho? As pessoas estão virando robôs?

Ela olhava para cada uma das pessoas que estavam aguardando. Havia alguns homens, deviam estar acompanhando alguma mulher.

Ela puxa assunto com uma senhora que estava assentada ao seu lado:

— A senhora vem sempre aqui?

A mulher olhou para a moça com um ar de espanto e disse:

— Desculpe, mocinha, você falou comigo?

— Sim, falei com você. A senhora vem sempre aqui? — Rebeca insistiu na investida.

— Sim, eu sou paciente do Dr. Pedro há 30 anos. Por quê? Você está com algum problema?

— Não, eu só queria falar com alguém, estão todos aqui tão quietos. Eu não gosto deste tipo de ambiente.

Naquele mesmo instante, a atendente chamou em voz alta:

— Rebeca Martins, o doutor já está te aguardando na sala 2.

Rebeca olha para a atendente e lembrou que a viu trabalhando também na secretaria da faculdade que estudava — era uma *Gelada*. Ao entrar no consultório, ouviu a mulher que puxou papo comentar:

— Que mocinha estranha. O que será que ela queria comigo?

Rebeca sempre andava pelos mesmos bairros e estava acostumada a marcar os serviços médicos, dentistas e bancos geralmente nos mesmos lugares.

De repente, veio o susto ao sair do consultório, lá estava, na sua frente, uma cópia dela mesma, vestida com os uniformes de auxiliar de atendimento do condomínio empresarial que o consultório médico estava localizado.

Rebeca para na frente da sua cópia, fica cara a cara, para ser mais exato. As duas se olham por alguns minutos. Estava vendo uma assombração ou um holograma.

O que explicaria aquilo? Era como estivesse vendo o elo perdido em plena capital do estado de São Paulo, foi uma descoberta no meio da multidão. Era ela mesma, mas no corpo de uma *Pessoa Gelada* e Rebeca pergunta:

— Quem é você?

A outra moça responde:

— Eu sou Aelle.

— Meu nome é Rebeca.

— Que nome diferente. Aelle é muito bonito e diferente.

Rebeca leva a mão ao rosto da auxiliar de atendimento e experimenta a sua pele. Em seguida pergunta:

— Onde você mora?

— Na empresa Elttil Tecnologia. — A clone responde.

— Mas nós somos iguais. — Completa Rebeca. — Como pode isso? Você também consegue ver isso?

Alelle responde geladamente:

— Sim, percebo. Não tenho resposta para isso!

Aelle continuava parada e não demonstrava nenhuma surpresa.

— Tenho uma irmã gêmea, que não é a minha irmã, perdida na cidade? — Perguntou Rebeca, estarrecida com o que estava vendo.

— Eu preciso ir embora, estão me chamando.

Rebeca rebate Aelle:

— Como assim? Não ouvi ninguém te chamar.

Aelle diz:

— Fui chamada, sim. — E friamente se vira e sai andando.

Rebeca a segura pelo braço e pergunta:

— Não, espere! — Aelle para imediatamente e vira o rosto para ela, como se fosse uma trava de segurança.

Rebeca insiste:

— Você trabalha aqui a semana toda?

— No momento, sim. — Aelle responde, pega o elevador e vai desaparecendo.

Grita Rebeca:

— Em que andar você fica?

Aelle simplesmente respondeu:

— No décimo segundo andar.

E o elevador fecha as portas.

Rebeca entrou numa paranoia sem fim. Só pensava em se encontrar novamente com Aelle. Tinha muitas perguntas para fazer para ela.

Elttil Tecnologia, como assim? Ela morava em uma empresa de tecnologia?

Rebeca andava pelas ruas olhando nos rostos das pessoas, e, a partir daquele encontro, conseguia facilmente diferenciar uma *Pessoa Gelada* de uma pessoa normal.

Percebeu o quanto as redes sociais estão impactando a vida das pessoas, fazendo com que não percebam as coisas ao redor. Ela falava com todas as letras:

— Redes sociais demais fazem mal, ouçam um *rock* nacional dos anos 80, leiam livros, assistam mais televisão.

Passou a viver seus dias em busca de respostas concretas, mas não encontrava nada em seus livros nem na *Internet*.

Enquanto os dias foram passando, Rebeca se aprofundou em seus questionamentos. O problema é que ela tinha uma missão delicada que estava competindo com a sua mais nova descoberta. Ela ainda precisava entender o que estava acontecendo e ajudar as famílias do ponto de táxi e do restaurante em um tempo recorde.

O encontro que ela teve com a Aelle a deixou mais confusa e não conseguia se livrar daquelas memórias. Ela passava os dias no laboratório da faculdade, em meio a muitos livros, computadores, jornais, revistas e buscava por ideias e pistas na *Internet*.

Rebeca realizava pesquisas sobre a entrada das empresas privadas de transporte por aplicativo, inclusive as de entregas de alimento. Enquanto fazia as buscas na *Internet*, ela criava um mapa de ideias e no final do trabalho as discutia com a Melissa. Elas passavam os dias inteiros na faculdade, emendando o trabalho de pesquisa com as suas aulas e Rebeca não ousava falar sobre Aelle nem com a Melissa.

Suas campanas em frente ao edifício comercial onde encontrou Aelle eram diárias. O que ela queria era falar novamente com Aelle e se tornou um desejo platônico, em buscas de respostas.

Não conseguia entender por que Aelle não voltou mais ao trabalho, pois em suas vigias diárias não a encontrava entrando para trabalhar. Passou a pensou que a Aelle passava o tempo todo trancada na empresa e, por isso, não encontrava com a sua *irmã gêmea*.

Num desses dias de vigia, na frente do edifício, notou que acima dela — no céu — havia um *drone* parado, flutuando no ar. Percebeu também que o drone possuía uma câmera que, naquele momento, estava mirada para ela. A moça fixou os olhos para o aparelho voador e ficou evidente que ele estava vigiando lá de cima.

Ela saiu da frente do prédio — que ficada na Avenida Paulista — e foi até um prédio que possuía uma marquise e uma passagem que atravessava até a Rua Cincinato Braga, uma rua paralela que ficava para o lado do bairro da Bela Vista.

Ao sair, notou que o *drone* a acompanhou. Muito assustada voltou para a marquise e entrou para se esconder em um restaurante árabe que ficava dentro deste prédio.

Muito pensativa, olhando para os lados, ela chama a atenção de um dos garçons do restaurante. Este com um sotaque árabe perguntou:

— Posso pegar o seu pedido?

Rebeca deu um pulo na cadeira com o susto que levou, sem saber o que falar, olhou para os lados e disse:

— Poderia me trazer o cardápio?

O rapaz notou a sua preocupação e perguntou:

— Moça você está com algum problema? Pode contar que a gente te ajuda.

— Não, está tudo bem, quero apenas o cardápio. — Desconversou Rebeca, que pensa: pelo menos o rapaz não era uma *Pessoa Gelada*.

Depois de comer um lanche — sem nenhuma pressa — saiu do prédio e, na rua, olhou para cima e lá ainda estava o *drone* espião, como se estivesse a esperando.

Rebeca, aperta o passo. O *drone* a seguia. Ela entra no metrô e, claro, não o viu mais, nunca mais.

Os dias foram passando e a jovem teve uma ideia. Marcou uma consulta no médico com o pretexto de subir até o andar que Aelle disse que trabalhava.

Rebeca executou o seu plano e ao invés de ir para o consultório do Dr. Pedro, subiu até o décimo segundo andar.

Saiu do elevador, em um corredor comprido com parede pintadas em vermelho escuro, com sancas iluminadas com luzes de baixa intensidade. No final do corredor havia uma porta eletrônica com uma placa identificando a empresa de tecnologia Elttil Digital S.A.

Ela levou um enorme susto, ficou paralisada naquele corredor frio e sem vida.

Não havia janelas no corredor.

Notou que havia câmeras de vigilância no local, então para não chamar a atenção por estar lá parada feito uma estátua no corredor, na frente da porta, começou a andar em direção a entrada da empresa.

Os seus passos pareciam não ter fim e o som que seu calçado fazia no chão do corredor ecoavam cada vez mais alto.

Conforme ia avançando pelo corredor, as câmeras de vigilância se moviam, seguindo a jovem garota. O movimento de seus passos parecia que nunca chegaria até a porta. Ela sabia que não deveria estar ali, porém era mais forte do que ela.

Seu coração parecia sair pela sua boca. O nível de sua ansiedade chegou na *estratosfera* e, de repente, bateu um medo de que ela nunca havia passado em sua vida de adolescente.

Nesse momento, veio à sua memória a lembrança de seu diálogo com Aelle: "Onde você mora?". "Na Elttil Digital S.A".

Ao chegar a um metro da porta, desce da sanca do teto uma tela de cristal líquido.

Rebeca paralisa seus movimentos e sua barriga gela como a de um frango no congelador. Eis que aparece uma imagem de um rosto digital, preenchido por pontos azuis ligados por linhas, como se fossem linhas de circuitos eletrônicos, mais claras que os pontos, que formavam o rosto de um *humanoide* digital.

Os olhos do rosto robótico digital se abrem. O ser de *cérebro positrônico digital* e com uma voz grave, como a de um locutor de rádio AM, faz uma saudação para a jovem obstinada:

— Olá, Rebeca, bem-vinda à Elttil Digital S.A. Estamos aqui para servi-la.

E, repentinamente, de forma leve e suave, a porta virtual simplesmente some à frente da garota. Apagou-se como uma miragem, mostrando o lado de dentro da empresa.

Era uma sala com sofás acolchoados e visivelmente muito confortáveis. Ela esperava que a porta fosse aberta e não que simplesmente sumisse.

— Espere um pouco, como sabem o meu nome? — Ela pensa sozinha.

Rebeca entra na sala e fica em pé, sozinha, e se perguntava: o que eu estou fazendo nesse lugar?

Era uma sala com decoração vinho e tons azuis cintilantes, como o robô que a recebeu na entrada. No fundo da sala, havia uma pequena mesa de recepção vazia, sem ninguém assentado nela. Desceu a mesma tela de cristal líquido, e o mesmo rosto humanoide aparece e pergunta:

— Rebeca, é um prazer recebê-la em nossa empresa, como podemos te ajudar?

Ela não sabia o que responder, ficou paralisada diante da visão da persona digital autônoma, que se pronunciava:

— Por favor, peço que se sente que iremos até você.

Rebeca se senta e fica observando cada detalhe da sala que misturava tons e imagens modernas com sutis objetos antigos e um único vaso com orquídeas *phalaenopsis* azuis no canto oposto à mesa onde apareceu a tela com o *cérebro positrônico digital*, que continuava olhando para a moça.

Era um momento de suspense, como de um filme de ficção científica.

De repente, em uma cena atrasada como um efeito *slow motion*, num corredor esfumaçado e espelhado, atrás da mesa de recepção, apareceu Aelle, que vinha se aproximando, delicada, porém, *Gelada*.

Rebeca não esboçava nenhuma reação. Seus olhos travaram fixamente naquela que parecia ser um clone seu.

Definitivamente era ela mesma, vindo em sua direção. Era um momento digno de um filme *hollywoodiano* de ficção científica.

Aelle para em frente à Rebeca e pergunta, como se não tivesse a encontrado poucos dias atrás:

— Olá, Rebeca, é um prazer recebê-la na Elttil Digital S.A. Notamos que não temos nenhuma agenda marcada. Você está procurando alguém em especial? Como podemos te ajudar?

A jovem humana deixa o medo de lado e se levanta. Para não ser evasiva, só pensou em uma única resposta e, gaguejando, disse:

— Sim, Aelle, eu vim procurar um emprego, gostaria muito de trabalhar na Elttil.

Aelle respondeu:

— Sente-se que vou chamar uma pessoa responsável. Fique à vontade. Você deseja um copo d'água?

Rebeca aceita a gentileza e aproveita a abertura:

— Aelle, que horas você sai da empresa?

A *Moça Gelada* se volta para a jovem e responde:

— Geralmente, só saio quando tenho algum serviço externo.

E Aelle simplesmente vira, e vai embora pelo corredor esfumaçado. Rebeca reclama:

— Odeio quando a Aelle sai desta forma. Como ela não se lembra de mim? Me ignorou! E por que eu falei isso? Emprego?

Não demorou três minutos, e chegou Rubert Golding, um famoso engenheiro especializado em robótica, responsável direto pelas criações da Elttil Digital S.A.

Ele se senta na frente de Rebeca de uma forma muito gentil e educada:

— Olá, Rebeca, me disseram que você está procurando um trabalho.

Continua Rubert:

— Temos acompanhado alunos de cursos de tecnologia digital que são destaque em algumas instituições de ensino, como a que você estuda, e já estávamos de olho em você. O que você acha de trabalhar conosco em um programa de estágio muito promissor?

Rebeca não esperava o convite, afinal a sua intenção era encontrar Aelle.

Rubert complementa:

— Olha, acho que será uma ótima oportunidade para o seu futuro na área digital, e caso não goste, você sai.

Rebeca pensa: pode ser a oportunidade de entender o que está acontecendo, e responde para Rubert:

— Eu aceito, mas não falei com meus pais. Não sabia que seria tão rápido.

Rubert complementa:

— Entendo perfeitamente. Vá para a sua casa, fale com seus pais e volte aqui amanhã nesse mesmo horário.

— Certo, amanhã estarei aqui. — Rebeca combina a volta com Rubert.

Rubert responde, já se levantando:

— Sabemos que voltará! Até amanhã.

Ao sair, Rebeca pensa:

— Ele não é um *Homem Gelado*.

VAMOS PENSAR UM POUCO TAMBÉM?

Rebeca estava acostumada a pensar um pouco. Não era a mesma coisa que pensar pouco, porque, para ela isso era um desperdício de massa encefálica e de tempo. Era coisa de robô, que apenas executa as operações que são programadas pelo homem.

Para a moça, pensar um pouco é forçar a mente naquilo que se deve fazer com mais propriedade, e isso nos força a parar um tempo, para fazer uma coisa de forma dedicada e exclusiva.

Então, vamos pensar um pouco?

Uma ideia que ela teve antes do encontro com a Aelle foi a de criar um aplicativo para o uso do ponto e do restaurante.

A ideia dela era oferecer aos usuários do ponto de táxi e do restaurante uma possibilidade de adiantar as corridas e as entregas. Para desenvolver este aplicativo ela envolveu Melissa em seus questionamentos sobre a vida.

Elas ficaram muito felizes com a ideia e criaram um protótipo.

Melissa chamou a sua dona Juliana, sua mãe, que era proprietária do restaurante onde Jorge, Vitor e Antonio sempre almoçavam. Juliana era esposa do motorista Melo.

As moças entenderam que se tivessem o apoio dos dois seria mais fácil chegar nos outros motoristas e conseguir atenção, principalmente do bravo Jorge, pai de Rebeca.

A ideia delas era criar um sistema que gerenciasse os pedidos de entregas de marmitas e de viagens de táxis. Além do sistema, criariam aplicativos para os clientes pedirem as marmitas e para os clientes do ponto de táxi solicitarem as suas viagens, tudo via *smartphone*. Elas desenvolveram juntas o sistema e os aplicativos.

Foi difícil explicar algo tão avançado e complexo para uma cozinheira e para um motorista de táxi — apesar que a explicação para Melo ter sido mais fácil, ele era cético quanto à solução dos problemas.

Depois de muitas explicações, ambos aceitaram realizar um teste — primeiramente no restaurante — depois, e com o sucesso garantido, alcançariam o ponto de táxi.

Chamaram Murilo, um sobrinho de Melo, que aceitou realizar as entregas exclusivamente para os pedidos solicitados pelo aplicativo do restaurante.

O desenvolvimento do protótipo foi finalizado em quatro meses de trabalho e Melissa cuidou de divulgar nas redes sociais.

À medida que o desenvolvimento dos *softwares* foi sendo finalizado, mais clientes foram sendo avisados pessoalmente e pela *internet*.

Até que Melissa recebeu uma ligação da Rebeca:

— Estão finalizados, chegou a hora do teste final.

Rebeca liberou o sistema para o *download* do aplicativo do restaurante e Melissa entrou em contato com os clientes.

Conforme o sistema era utilizado, os pedidos foram registrados. Era possível ver o relatório de pedidos aumentando e no mesmo dia foram vinte e cinco pedidos de marmita.

Os pedidos foram todos entregues entre meio-dia e quatorze horas.

Rebeca e Melissa chamaram Dona Juliana e o Seu Melo, e Rebeca disse aos dois:

— O protótipo foi testado e com sucesso. Estes são os relatórios de vendas, agora é só aperfeiçoar e testar o aplicativo do ponto.

Horas depois, Melo chega com Rebeca e Melissa no ponto de táxi e pede uma reunião com todos os *taxistas*.

Jorge pergunta:

— O que está acontecendo? — E olha para a filha com aquela cara que, em tempos atrás, sabia que o pai iria descobrir alguma coisa que ela aprontou.

Melo responde:

— Mas é uma coisa boa.

E passa a palavra para as moças, e Rebeca pede a palavra:

— Olá, senhores motoristas. Nessas últimas semanas, tenho acompanhado o sofrimento do meu pai, tanto que pude notar muitas coisas que me chamaram a atenção.

Ela continua:

— Um dia desses parei ali do outro lado da esquina, na lanchonete, e analisei todos os passos dos usuários dos ônibus e a forma como vocês estão trabalhando. É claro que eu fiz isso pela preocupação que meu pai está passando, e isso me motivou a estudar o caso. Notei também que vocês realizaram um investimento, tentando, das suas formas, chamar os clientes de volta.

Ela mantém o discurso com muita eloquência:

— Durante esse tempo, percebi que da mesma forma que os motoristas por aplicativo tem atrapalhado o negócio de vocês, ao conversar com a Melissa, notei que os motoqueiros de entregas por aplicativo têm feito o mesmo com o restaurante da dona Juliana.

Nesse momento, Melissa tomou a palavra e disse:

— Sim, as vendas do restaurante caíram extremamente com a entrada dos motoqueiros de entrega por aplicativos no mercado e por isso tivemos que demitir funcionários.

Vitor esbraveja:

— Malditos são esses motoristas, estão acabando com as nossas vidas!

Rebeca pega apressadamente a palavra:

— Não, seu Vitor, eles são trabalhadores também. Da mesma forma que vocês foram prejudicados, eles também foram em seus trabalhos anteriores. A tecnologia tem substituído os postos de trabalho e está abrindo novos outros com base em sua própria utilização e manutenção. Eles ficaram desempregados e precisaram aproveitar essas oportunidades para dar o sustento das suas famílias.

Nessa hora, houve um começo de confusão. Alguns motoristas começaram a reclamar, pois entenderam que as moças não estavam do lado deles.

Jorge põe a mão na cabeça, dá um forte suspiro e grita:

— O que vocês duas vieram fazer aqui?

Logo Rebeca mostrou que puxou ao pai e emendou uma resposta em voz alta também:

— Viemos trazer uma proposta para ajudar a resolver a situação.

Melo levanta as mãos:

— Por favor, vamos ouvir as meninas. — Ele vira para elas e fala com um tom de deboche: — E vê se param de enrolar que fica mais fácil.

Melissa inicia a nova tentativa dizendo:

— Eu e a Rebeca desenvolvemos um sistema que automatiza a gestão dos pedidos do restaurante por um aplicativo. E como já testamos no restaurante da minha mãe, os clientes entraram no aplicativo, e os pedidos chegam no restaurante. O nosso entregador recebe as informações e leva os pedidos até os clientes, sendo todo o pagamento realizado pelo aplicativo.

Jorge esbraveja novamente:

— Pois bem? E se esqueceram de que não somos um restaurante?

Rebeca responde o pai, de maneira atravessada:

— Também desenvolvemos uma versão para o ponto de táxi, que gerencia os chamados de viagem, distância e o preço. O cliente paga com o seu cartão de crédito.

Jorge faz mais uma pergunta:

— Como foi o uso com o restaurante?

Melissa aproveita a oportunidade:

— Acabei de receber da minha mãe a informação atualizada de que até este momento, foram quase 75 chamados num dia inteiro de trabalho.

Os motoristas olharam um para o outro e Jorge pediu as jovens um instante a sós com os amigos. Depois de muita conversa, as moças notaram um otimismo nos rostos dos motoristas.

Jorge chama as garotas e diz:

— Vamos lá? Como podemos começar? — Elas abriram um enorme sorriso e responderam ao mesmo tempo:

— Hoje mesmo!

Melissa disse:

— Vocês só precisam esperar a Rebeca liberar a versão do aplicativo e divulgar o *link* para que os clientes façam o *download*.

Porém, entre o período da ideia de criar o aplicativo e acontecer a reunião, muitas coisas mudaram para Rebeca, que diz:

— Mas tem uma coisa que precisamos conversar antes.

Todos olharam para ela com cara de interrogação:

— Acabei de receber a proposta de estágio de uma importante companhia da área de tecnologia, que irá me ajudar em adquirir conhecimento para a minha dissertação no mestrado.

É claro que o motivo da jovem era outro, mas ela respondeu de forma muito inteligente e persuasiva: — Posso gerenciar meu tempo e vou me dedicar da mesma forma.

Jorge olhou para a moça com a grossa sobrancelha para cima. Rebeca diz:

— Pai, já vi essa cara antes! Não tive tempo de te falar, mas vou aceitar. Não teremos problemas, eu consigo ajudar mesmo assim, só preciso de que me apoiem com os meus horários alternativos.

Todos ficaram de acordo e ansiosos com a tentativa, mas realmente as coisas não aconteceram exatamente da forma que eles queriam.

Então, vamos pensar mais um pouco!

Como os motoristas e o restaurante iriam atender o aumento da demanda que um aplicativo poderia gerar? Será que a melhor estratégia para os dois negócios era embarcar numa mudança direcionada para um cenário de negócios mais horizontal, inclusivo e social?

Mas coitados! Eles não são profissionais de *marketing* para terem tanto conhecimento de demanda de mercado. Eram apenas duas garotas e simples motoristas de táxi.

No outro dia, Rebeca acordou com uma mistura de sentimentos, que passavam entre a felicidade de estar trabalhando na maior empresa de tecnologia do país, e ansiosa, porque não era essa a sua intenção quando foi até a empresa, mas também estava muito realizada pelo projeto com os motoristas e o restaurante, além de estar muito assustada com a perseguição do *drone*.

Afinal, na questão do ponto de táxi, trabalhou como se fosse a maior gestora de projetos de inovação e tecnologia do mundo. Ela teve uma decisão estratégica e taticamente eficaz. Seus atos foram dignos dos maiores profissionais do mundo. Mas, devemos lembrar que todos nós podemos cometer erros, e o mais importante é se adaptar e tomar as melhores decisões rapidamente para resolver os problemas e sanar os erros sem desistir.

Depois de receber um buquê de flores dos motoristas por agradecimento pela grande ajuda, voltou para a sua vida e foi para a sua aula.

Acrescentou em seus afazeres diários a gestão dos aplicativos e o trabalho na Elttil S.A, sendo que a jovem precisava desse estágio para se formar.

De manhã, foi direto para a empresa. Quando ela colocou os pés no tapete que ficava no chão do *hall* de entrada térreo do edifício, na tela da televisão ultrafina, acima da mesa da recepção apareceu o nome e a foto da Rebeca, tudo isso antes de ela se apresentar para a recepcionista.

Aliás, era o edifício mais bonito e arquitetônico da Avenida Paulista, onde outrora era a sede de uma das maiores empresas de plantação e refino de cana de açúcar e álcool no continente sul-americano.

Ela subiu até o décimo segundo andar e entrou no horripilante corredor de luzes baixas. Novamente viu as câmeras seguirem os seus passos.

O robô na tela já estava a sua espera com a sua face *positrônica digital* — mas desta vez ele se presentou com uma agradável recepção:

— Olá, Rebeca, é muito bom vê-la aqui novamente. Entre e sente-se que o Sr. Rubert está vindo ao seu encontro.

Já assentada, ela vê o engenheiro vindo com o mesmo sorriso cativante que a encontrou na primeira vez:

— Olá, Rebeca, passou bem essa noite? É muito bom vê-la de volta aqui na Elttil S.A.

Ele se assentou no sofá da frente em que a moça estava assentada e perguntou:

— E aí? Me dê a sua resposta.

— Conversei com meus pais e vou aceitar.

— Ótimo, você não vai se arrepender. — responde Rubert, muito satisfeito e a chama para conhecer a empresa.

Rebeca e Rubert passaram por cada área da empresa.

Na sua mesa havia um *kit* de boas-vindas, um *notebook* de cor sóbria e com cara de adulto, sem aqueles adesivos de adolescente, uma garrafa de água com a marca da empresa e o seu crachá de colaboradora já impresso, além de um caderno de anotações com uma caneta.

Na primeira folha do caderno, havia uma citação de Asimov (1973) que dizia que "a intolerância é consequência natural do complexo".

Quando leu a frase, ficou alucinadamente admirada com o que iria encontrar e aprender naquele lugar. Rubert entra em uma sala com a jovem e explica as suas funções:

— Estamos reestruturando a nossa área de pesquisa. Precisamos de você para criar materiais para o desenvolvimento de produtos relacionados a algumas tecnologias. Sabemos que você tem perguntado muitas coisas para o seu professor Francisco e que já conhece quais são as tecnologias responsáveis por habilitar a *Indústria 4.0* no mundo, que são: *Internet* das Coisas (IOT), *Big Data*, impressão 3D para a manufatura aditiva, *Cloud* ou Computação na Nuvem, sensores e atuadores, sistemas de simulação, sistemas de conexão entre máquinas, infraestrutura de comunicação, manufatura híbrida, robótica avançada e inteligência artificial (*IA*). Ufa! Muita coisa, não é mesmo? É só o começo, portanto temos muito trabalho interessante pela frente.

Rebeca, muito interessada no assunto, pergunta:

— Está querendo dizer que eu serei responsável em realizar as pesquisas de conteúdo para o desenvolvimento de robôs?

— Sim, e além de robôs. Também para automação do trabalho humano e processos administrativos nas empresas e dos serviços na cidade. — ressalta o engenheiro, demonstrando muito interesse nos conhecimentos e curiosidade da garota. — Por hoje nós terminamos aqui e você fará este horário para que possa ir direto para a faculdade, se assim desejar.

Na faculdade, percebe que Melissa não estava presente e diz:

— Ela deve ter se cansado com toda aquela agitação no restaurante.

Mais próximo ao meio-dia, recebe uma ligação com uma voz receosa e preocupante:

— Oi, Rebeca, sou eu!

Rebeca responde:

— Melissa, está tudo bem?

— Eu estou — responde a menina e continua, com uma voz angustiada. — Mas a minha mãe não. Estamos com uma demanda enorme de pedidos e não estamos dando conta de preparar.

Complementa Rebeca:

— Ué? Isso não é bom? Quer dizer que o sistema está funcionando.

Melissa emenda:

— E como vamos conseguir manter a produção? O aplicativo estava gerando uma enorme fila de demandas que não estamos conseguindo suportar. Como vamos fazer para preparar e para entregar os pedidos? Todos os pedidos estão atrasados, estou preocupadíssima!

E de repente, Rebeca recebe uma ordem do professor que a fez sair da sala para conversar melhor com a amiga:

— Rebeca, sem *smartphone* na sala de aula!

Antes de retornar à ligação, ela resolveu ligar para o seu pai:

— Pai, tudo bem?

Jorge responde:

— Sim, estou com um cliente no carro, precisamos falar agora?

— Não, apenas quero saber se o aplicativo está funcionando como deveria.

— Perfeitamente, mas estamos com muitíssimos chamados numa interminável fila. São tantos que não estamos dando conta... — A ligação caiu inesperadamente.

Rebeca desligou e correu para a sala de aula, pegou seu computador e se dirigiu para o laboratório da faculdade.

Chegando ao laboratório, Rebeca ligou novamente para Melissa:

— Oi, temos que conversar.

Melissa responde:

— Sim, temos um problema.

Rebeca fez uma pausa e deixa Melissa completar:

— Como você mesma me disse, não podemos manter a forma de trabalho de 30 anos atrás.

Rebeca desabafa:

— Sim, os motoristas e motoqueiros por aplicativo trabalham em uma rede descentralizada. Como o sistema de entrega deles trabalham com diversos restaurantes, eles dão conta da demanda porque atuam como uma rede de trabalho.

Ela continua:

— Cada restaurante desses aplicativos são um nó na rede em que os motoqueiros distribuem os pedidos. No caso das viagens, existem milhares motoristas nos aplicativos esperando os clientes chamarem. E como são em um número tão alto de trabalhadores, conseguem dar conta da demanda, também de uma forma distribuída.

Então, Melissa pergunta:

— Quer dizer que, como o nosso restaurante é apenas um, não podemos assumir um número tão grande de pedidos com apenas um motoqueiro? E no caso do ponto, a mesma coisa acontece por chegar muitos chamados? Então quer dizer que os aplicativos não ajudam nenhum dos dois negócios se não aumentarmos a capacidade de trabalho.

Rebeca ressalta:

— Sim, quanto mais demanda temos, mais vamos precisar de força de trabalho para atender. E como os nossos aplicativos multiplicam os acessos dos clientes, tornam os pedidos mais fáceis de serem realizados pelos clientes. Isso faz crescer exponencialmente a demanda.

Rebeca finaliza a conversa com a mão no rosto, como se demonstrasse a sua desolação:

— Isso vai motivar a saída dos clientes, pois a espera vai voltar a acontecer.

OS GÊMEOS DIGITAIS

Rebeca passava os dias de trabalho no andar anexo, entre o décimo primeiro e o décimo segundo andares na Elttil Digital S.A., na Avenida Paulista, em São Paulo.

Sua cabeça estava pesada, entre os problemas do restaurante, do ponto de táxi e o novo trabalho.

Ela colaborava com várias equipes multidisciplinares, que possuíam entre seus integrantes profissionais com diversos conhecimentos, entre eles estavam os desenvolvedores de software, designers, consultores de negócio, especialistas em usabilidade e experiência do usuário (*UX*), agilistas, projetistas, engenheiros e cientistas de dados, analistas de sistemas, engenheiros eletrônicos e uma equipe especializada de técnicos em robótica.

Realizava suas pesquisas e criava os projetos antes de serem especificados tecnicamente.

Porém, o que ela queria era falar com Aelle, mas não encontrava mais a *Moça Gelada*.

Até que um dia, toma coragem e pergunta ao seu chefe:

— Sr. Rubert, você me dá licença?

— É claro, Rebeca, entre. — responde Rubert.

— Gostaria de encontrar Aelle, onde ela fica?

Ele responde:

— De onde a conhece? Por que este interesse todo em Aelle?

— Por que não posso falar com ela? — responde Rebeca, de forma mal-educada.

Rubert tenta encerrar o assunto:

— Ela está em outro trabalho agora, não fica mais aqui nesta unidade. Ela faz parte de outro projeto experimental.

Mas, ela estava decidida a encontrá-la:

— Gostaria de saber onde eu poderia encontrá-la. Poderia me informar?

— Outro dia te levo, com licença. — Rubert levanta-se e sai da sala.

Rebeca fica furiosa, pega as suas coisas e desce para ir para a sua casa. Ela desceu do elevador e passou as catracas de segurança do *hall* de entrada do edifício. Atravessou a passarela larga da avenida e desceu os três lances de escada que passavam por baixo da sede de um grande Banco Americano com sede no Brasil — este que um dia foi um grande expoente financeiro — e atravessou para a Alameda Santos, rua famosa, paralela à Avenida Paulista.

Lá havia uma cafeteria que ela gostava muito de ir para ler e passar as horas, e, muitas vezes, para pensar nas coisas da vida.

Ao entrar no largo corredor da passarela do prédio do banco, ainda pensativa e morrendo de raiva de Rubert, esbarra em um garoto que parecia ter a sua idade.

Foi um forte solavanco no ombro do rapaz que chama a sua atenção. Como Rebeca estava nervosa, se vira para reclamar com o garoto:

— Ei, o que você pensa que está fazendo... — E uma visão faz Rebeca interromper o xingamento.

Lá estava ele, não havia mudado nada com o tempo. O mesmo jeito de andar, o corte de cabelo, o modo que virou o rosto e olhou para ela, era o mesmo de anos atrás.

O susto que Rebeca levou foi tão grande que a garota tropeçou na corda de segurança dos limitadores que desenhavam a fila da recepção do prédio. Muitas pessoas tentaram ajudá-la, mas ela não aceitou ajuda de ninguém.

Ela continuava olhando com os olhos esbugalhados, fixos no *Garoto Gelado*, que também ficou olhando para ela sem esboçar nenhuma reação normal de um garoto humano. Nenhuma reação romântica, digna de um cavalheiro ao ver uma moça estatelada no chão.

O segurança do prédio chega e diz em voz alta:

— Calma, garota, o que você tem? Acalme-se!

O segurança olha para os funcionários do prédio e grita:

— Por favor, chamem os enfermeiros do prédio!

Nesse instante, o segurança olha para o rapaz que Rebeca direcionava todo a sua atenção e desespero, e questiona:

— O que você fez para ela?

O rapaz responde:

— Não a conheço, ela esbarrou fortemente em mim e eu me defendi. Ela simplesmente começou a gritar dessa forma. — O rapaz responde com um semblante nulo e frio, como se analisasse a garota em seu desespero repentino.

O segurança da uma ordem ao rapaz:

— Então, te ordeno que espere aqui para que possamos verificar direito o ocorrido nas câmeras de vigilância.

O rapaz se vira e simplesmente continua o seu caminho, desobedecendo à ordem dada a ele.

Uma multidão de pessoas se juntou em volta da jovem, que ao ver que o rapaz havia ido embora, se acalmou e foi levada para o ambulatório do edifício comercial.

Lá no ambulatório foi recebida por uma enfermeira.

E o chefe da segurança do edifício começa um interrogatório como se a garota fosse culpada por ter cometido algum crime:

— O que aconteceu lá no *hall*? Você estava atravessando para a Alameda Santos para fazer o quê?

Quando o chefe da segurança estava se preparando para mais uma pergunta, a enfermeira o interrompeu:

— O senhor não acha que é muita pergunta para quem acabou de passar mal?

Nesse mesmo instante, Rebeca percebeu que a enfermeira era uma *Moça Gelada*. O que mais a espantou não era o fato de a enfermeira ser um humanoide, pois ela já havia se acostumado com a presença deles no meio das pessoas. O caso foi que a robô se mostrou ser mais humana que o homem engravatado com cara de agente secreto.

O segurança chega perto da enfermeira, com um semblante de superioridade, e responde extremamente irritado:

— Eu preciso de informações para poder entender o que estava acontecendo. Tenho um relatório para fazer!

O segurança pega o rádio e sai da sala respondendo as mensagens chiadas e radiofônicas do comunicador que estava carregando.

Enquanto a enfermeira executava medições de pressão e temperatura em Rebeca, ela puxa uma conversa com a robô fria, porém muito assertiva e delicada:

— Muito obrigado por me ajudar com ele.

— Me parecia lógico interromper um interrogatório tão improdutivo e desumano — respondeu a enfermeira que continuava o seu trabalho sem perder o foco.

Rebeca pergunta mais um a vez:

— Você trabalha para a Elttil também?

A enfermeira responde, sem parar o trabalho que estava realizando:

— Sim, e você também trabalha.

— Como você sabe disso? — Rebeca questiona a robô enfermeira, que responde, ainda focada em seu trabalho:

— Eu consigo saber. E de onde você conhece o Zyan?

Rebeca respondeu a enfermeira:

— Quem é Zyan? Ah, o nome do robô que me derrubou é Zyan. Não, eu não conheço o Zyan, e sim o gêmeo dele, o Lucas.

— E, aproveitando papo, qual o seu nome? Eu sou Zulmira, Zulmira Zaya, ou se o preferir apenas "ZZ". Não sei por que as pessoas humanas preferem abreviar meu nome.

A enfermeira continua:

— Quanto a Zyan, chamam ele apenas de "Z". Eu vim para cá antes, ele está aqui a dois anos e eu a quatro anos.

Nesse instante, chega Rubert:

— Vim imediatamente que soube do ocorrido. Precisamos conversar, vamos para uma outra sala que eu já reservei aqui neste prédio. Obrigado, ZZ, nós já vamos. — Rubert puxa Rebeca para fora, e a enfermeira fica na sala do ambulatório, olhando eles saírem pelo corredor.

Rubert leva Rebeca para uma sala mais reservada dentro do prédio, onde tudo aconteceu, e fechou a porta dizendo:

— É o seguinte, Rebeca, você já sabe demais e por isso já é parte do time. Poucas pessoas têm uma visão real do mundo atual, porque não conseguem ficar com as suas mentes fora da influência das redes sociais. Posso dizer que você está conectada com o mundo real.

Quando Rebeca estava iniciando uma pergunta, Rubert levanta a sua mão em direção a garota e pede:

— Antes que me faça as suas perguntas, deixe-me finalizar e você vai entender tudo.

Rebeca de acomoda na cadeira e permanece na escuta.

Ele começa a explicação:

— Você sabe que eu não sou de fazer rodeios e vou direto ao assunto. Existe uma empresa chamada Moravech S.A., que é uma empresa mundial, porém o seu dono é um russo, ex-militar, chefe de inovações na antiga KGB. Hoje a Moravech S.A. é a maior desenvolvedora de robôs no mundo. Desde o início do século XVIII, a humanidade vem se aperfeiçoando na área da robótica. Mas desde 1920, com o surgimento das primeiras histórias de ficção cientifica, que foram impressas em livros e revistas, este assunto passou a se expandir na cabeça da sociedade. É claro que houve muitos experimentos anteriores que são considerados como robótica, porém, a ideia de robôs como temos na nossa cabeça de hoje apareceu a partir dessa época. Assim, desde então, o uso dos robôs nos seus mais diferentes níveis de maturidade vem se aperfeiçoando. A partir do surgimento da *Industria 4.0,* consolidou-se a atualização de uma era digital em todo o mundo. Esta era transformou radicalmente a tecnologia que era analógica. Podemos tomar como exemplo o termo muito usado por Issac Asimov de *humanoides* que possuíam um cérebro *positrônico,* para robôs com *cérebros positrônicos digitais.*

Rupert continuou:

— Sabemos que você consegue perceber que eles estão por todo lado, por isso resolvemos te chamar para trabalhar conosco e ficar mais perto da gente. Não são todas as pessoas que conseguem percebê-los. Como eu disse, a maioria das pessoas estão, digamos assim, com as suas vidas presas no mundo das suas redes sociais. Foi muito fácil para um pequeno grupo de empresários bilionários, com capacidade de liderança no comercio mundial, criar uma estratégia de mercado para ganhar dinheiro na *Internet,* monopolizando as redes sociais. Pois, as pessoas se conectam interagindo de forma completa em suas plataformas de vendas. Assim, as pessoas não percebem o que está acontecendo de fato. Todos vivem num entre dois mundos, o real e o digital, e assim escolhem viver num mundo segundo o seu ideal, que é criado por elas mesmas, que é o mundo das suas redes sociais. Essa é uma era sem volta, pois elas mesmo criam seus perfis, conforme as cenas que as tornam mais felizes. As coisas ruins que acontecem no mundo real estão cada vez mais controladas e estabilizadas pela tecnologia, de forma que essa liderança mundial tire o seu proveito monetário em detrimento de manter este fluxo de informações entre dois mundos paralelos.

Rubert seguiu dizendo:

— Rebeca, todas as pessoas estão incluídas em um contexto incrível de transformação digital. Elas vivem nos seus mundos reais, porém imersas na *internet,* sendo, a vida real e a em rede, duas realidades diferentes, denominamos estas pessoas como: *analógico-digi-*

tais. A vida digital está nas redes sociais. Esse aspecto eu chamo de *exclusão por associação analógico-digital*. E você, Rebeca, no seu *status quo*, tem interesse em viver a sua vida virtualizada em conjunto com o seu mundo principal, e por isso você percebe o que acontece ao seu redor e por isso você descobriu os *humanoides*. Você não vive uma vida dupla. Você é a autêntica pessoa *digital-digital*. Eles, os robôs, estão inseridos no mundo deste 2011 com o advento da *Quarta Revolução Industrial*. Tudo está no escopo de um projeto criado pela Moravech S.A., inicialmente com 10 mil deles, que foram implantados no meio da população, espalhados pelo mundo. A Elttil Digital é uma empresa brasileira, criada por mim, que se tornou a primeira empresa estrangeira da Moravech S.A., em uma aquisição. Por isso o primeiro robô incluído no ambiente real — na sociedade — foi aqui em São Paulo. E este robô é a Aelle e o segundo é o Zyan, o que você viu hoje.

Ela interrompe o longo discurso de Rubert e pergunta:

— Mas por que eles se parecem tanto comigo e com o Lucas? Ele era o meu melhor amigo desde a minha infância e foi embora para o Canadá e eu nunca mais o vi, nem recebi mais nenhuma notícia dele.

Continuou a garota:

— Foi tão natural me acostumar com a ausência dele na minha vida e vocês o trouxeram de volta numa forma que eu não pudesse ter ele novamente.

Rubert virou para a janela, porque não conseguia olhar nos olhos de Rebeca, e ela continuou:

— E sabe o que não bate nesta história? Por que eles se parecem conosco? Pelo o que estou imaginando, todos os robôs são uma cópia de alguém?

Prontamente, Rubert disse:

— Sim, todos são a cópia de outra pessoa.

— Como assim? Por que isso? Com tanta tecnologia! — Rebeca rebate a resposta do engenheiro de forma que ele foi forçado a dar a resposta para o grande mistério.

— Rebeca, para que o mundo digital exista, é necessário criar *Gêmeos Digitais*, que é o mesmo conceito na *Indústria 4.0*. Este conceito é utilizado para virtualizar as fábricas e assim oferecer controle físico remoto, isto é, controlar uma unidade de forma remota pela *Internet*. A segurança das informações trafegadas entre as bases de dados centrais e os *cérebros positrônicos digitais* dos robôs, utilizam a tecnologia de *blockchaim*, que é a mesma utilizada para manter seguras as informações de moedas digitais.

Rebeca se põe em desespero e pergunta:

— Mas por que vocês os mantiveram aqui tão perto da gente?

— Porque ainda temos um paradoxo. Se os robôs não estiverem no mesmo ambiente que os seus *humanos gêmeos*, não iram reconhecer as informações que receberam para poderem viver no mundo real e estas informações foram coletadas em suas redes sociais. Nós, da Elttil, apenas acrescentamos, com muito cuidado, informações que os tornou capazes de viver as suas próprias vidas *digitais-digitais*, e os tornamos em pessoas individuais, com outras novas experiências, mesmo que fabricadas digitalmente. E dentro do ambiente original, é por isso que a Aelle é uma recepcionista. Assim a Moravech, pela sua empresa-filha Elttil, tem enormes lucros e posições comerciais consolidadas com o comercio dessa mão de obra autônoma.

Rubert, complementa:

— Pense assim: a estratégia da Moravech cai como uma luva. Há muito que a Moravech percebeu que as pessoas estão muito focadas no seu próprio mundo particular da *Internet*, restringindo-se em ver o mundo apenas pelo aparelho *smartphone*. Isso as limitam em não participar integralmente das situações reais no mundo a não perceberem que os robôs estão em volta da gente, quer seja andando nas ruas ou em forma de aplicativos, abrindo vantagem competitiva no mercado de trabalho. Por isso, foi totalmente possível misturar os robôs aos seres humanos. Apenas garantimos a segurança dos humanos com o uso de diretrizes de controle para que não possam nos fazer algum mal.

Rebeca perguntou de forma indignada:

— Mas vocês podem prender as pessoas nesse mundo paralelo?

Rubert responde:

— Tecnicamente, os seres humanos sempre fizeram isso a si mesmos durante toda a sua história. A raça humana é uma só, porém temos diversos tipos diferentes de sociedades que se fecham em seus mundos particulares, cada qual com a sua religião, região, política, cultura, crença, tecnologia, moda, literatura, culinária, ciência e armas.

Rebeca fica chocada e cai em lágrimas profundas. Rubert diz:

— Rebeca, acalme-se, porque foi você que procurou essas respostas e as encontrou. Você sabia que para encontrar as respostas bastava perguntar e buscar, não te obrigamos a nada. Você está recebendo o preço por saber das coisas, quem aprende descobre coisas boas e ruins.

E Rebeca pergunta:

— Onde está a boa notícia nisso tudo?

Rubert devolve uma resposta que valeu ouro para a garota:

— Você adquiriu conhecimento, em algo que poucas pessoas no mundo conseguem perceber. Ninguém mais vai entender toda essa teoria, porque estão presas em seus mundos digitais particulares e por escolha própria. Não seria melhor você aceitar e viver essa realidade digital de forma a se aproveitar dos seus benefícios?

Rebeca olha para o chefe e joga na cara dele um defeito em todo o processo, muito perturbador:

— Tudo bem, mas encontrei um problema em toda essa trama não tão perfeita.

Rubert olha para a moça com um tom de curiosidade e pergunta:

— Do que você está falando? Pelo o que eu vejo, está tudo sob controle com o projeto.

Ela joga uma bomba no colo de Rubert:

— Por que o Zyam infringiu as *Três Leis da Robótica*?

— Como assim, O que você quer dizer com isso Rebeca? Quando isso aconteceu?

— Ele me derrubou com um empurrão, me deixou caída no chão, machucada, conforme a primeira lei ele não poderia ter feito isso. Também não zelou pela minha integridade física não acatando a ordem do segurança, então também desobedeceu a segunda lei. E não cumpriu a terceira ao me deixar lá e foi embora friamente, quando se expôs gritando daquela forma e desobedeceu a primeira e a segunda lei.

Robert, ficou paralisado na frente de Rebeca, pois sabia que alguma coisa nova estava acontecendo.

DESCOBERTAS DA VIDA DIGITAL

Muitas mudanças estavam ocorrendo na sociedade e um turbilhão de ferramentas digitais estavam surgindo. Os aplicativos estavam prontos para serem baixados dos *stores,* e utilizados nos mais diversos tipos de dispositivos, em especial os *mobiles.* Desde a criação dos *smartphones,* até nos *cérebros positrônicos digitais* dos robôs *humanoides.*

Já era o ano de 2020 e Rebeca, com a sua graduação concluída, iniciava o mestrado em tecnologia e, ao mesmo tempo, com o seu primeiro emprego garantido, além de todas as respostas que queria na palma de sua mão.

Em casa, ela liga a televisão da sala e estava passando uma reportagem exclusiva: "Atenção para mais um plantão urgente no nosso canal: São Paulo acaba de ganhar o certificado internacional de Primeira *Smart City* do mundo. Com isso, a capital do estado de São Paulo será reconhecida, internacionalmente, como a cidade mais tecnológica do mundo".

Rebeca fala em voz alta:

— Isso quer dizer que já existem milhares de sensores e conexão de *Internet* espalhados pelas ruas da cidade. Todos os cidadãos serão beneficiados por inúmeros serviços *on-line* como itinerários de ônibus, automação de serviços públicos *on-line,* conexão gratuita de qualidade com a Internet *5G* de última geração.

O maior benefício para os seus cidadãos era a conexão de diversos dispositivos de suas casas com estes serviços, como, por exemplo, chamadas agendadas com transporte privado.

As pessoas poderão agendar consultas automaticamente, solicitar o abastecimento das suas geladeiras e dispensas de forma automática. Toda essa infraestrutura de tecnologia digital seria desenvolvida e implementada pela Elttil Digital S.A.

Rebeca vê que na comitiva de imprensa que estava sendo televisionada estava o Sr. Rubert, e foi a primeira vez que ela viu o presidente da empresa Sr. Elttil.

Com o ponto de táxi estabilizado, estando cada vez menos utilizado e rentável, a jovem se viu mais obrigada a manter a sua independência financeira, por isso se apegou no trabalho.

Em um dia na sala de aula, Rebeca ouve uma frase do professor que a deixou muito intrigada: "E aconteceu que as máquinas aceitaram os empregos". Nesse momento, Rebeca se lembrou de Aelle e comenta em voz alta:

— É, realmente elas já aceitaram!

O professor olha para a moça e pergunta:

— Por que você está falando isso? — Rebeca abaixa a cabeça e fica quieta. O professor continua a sua explicação.

Para uma outra pessoa que não estava passando pelos mesmos dilemas que Rebeca, as mudanças poderiam até passar batidas, mas como ela poderia deixar de lado tal provocação?

Rebeca interrompe a aula com algumas reflexões:

— Como pode o mercado de tecnologia trabalhar com tanto padrão de digitalização das tarefas humanas em sua forma de realizar as atividades?

Ela continua:

— Será que não existe alguma empresa por trás disso tudo?

Neste momento Rebeca se lembrou dos textos que ela leu, e as palavras que Rubert disse sobre a Moravech S.A.

Então, ela decide voltar o olhar para as suas questões humanizadas, mas agora focando o trabalho na empresa Elttil Digital S.A. Estando agora com o olhar por dento da empresa para ficar perto de tudo o que estava acontecendo.

— Mas como começar? — Mal ela termina este questionamento, olha para frente e ali estava cara a cara com o maior especialista sobre tecnologia do país.

Seu professor Francisco, era doutor e especialista em *Indústria 4.0* e suas tecnologias, e, conforme Rubert mencionou, ele estava de alguma forma ligado a toda essa tecnologia empregada pela empresa em que estava trabalhando.

Ele lecionava na faculdade, além de ser consultor em tecnologia pelo Fórum Econômico Internacional e ser autor de livros sobre o tema.

No final da aula ela foi até o professor:

— Olá, professor, tudo bem?

— Tudo bem, Rebeca. Quer falar comigo?

— Sim, muito! Estou muito interessada em me aprofundar na questão de automação e digitalização de empresas.

O professor olha para a moça e sorri dizendo:

— Até que ponto você quer se aprofundar?

Quase que instantaneamente ela responde:

— Quero saber como tudo começou e onde vai parar tudo isso, principalmente aqui no nosso país.

O professor olha bem nos seus olhos e diz:

— Posso te dizer o suficiente para aprender apenas ou... — o professor faz um suspense e continua — dependendo do seu interesse, podemos ir além e ganhar mais conhecimento.

Havia alguns pontos desse assunto que ele não podia dizer para a jovem, mas ela também tinha os seus segredos com ele.

— Vamos na minha sala? — O professor faz um convite precioso e sai andando apressado e Rebeca corre atrás dele, achando muito estranha a sua reação, ela pensa: odeio quando fazem isso comigo! E olha que é um humano, imagina se fosse um robô?

Rebeca notou que ele andava de um jeito desconfiado, sempre olhando para os lados, como se alguém estivesse o seguindo.

Ele olha para ela e diz:

— Quer ou não conversar? Então, vem! — E a moça se apressou atrás do doutor.

Já na sala do professor e assentados na mesa de trabalho, ele pergunta:

— Como começou esse interesse?

Rebeca não entendeu tanto mistério, percebeu uma certa resistência e uma curiosidade estranha da parte dele em saber por que ela gostava tanto do assunto, apesar de ser uma matéria de escola.

Mesmo assim, ela começou a conversar com ele:

— Tenho percebido que muitas coisas estão mudando de maneira exponencial no mercado. Uma delas é que o trabalho que é difícil para as pessoas está sendo transferido ou para robôs ou para os *softwares*. E essas mudanças estão impactando os postos de trabalho.

Continua a moça, curiosa:

— Comecei a entender isso quando o trabalho do meu pai foi substituído pelos aplicativos de transporte e depois os aplicativos de entrega impactaram o restaurante da mãe da minha amiga, obrigando ela a aderir aos serviços autônomos de *delivery*. O que o senhor poderia me falar a respeito?

O professor, com um ar de muito interesse pela curiosidade de Rebeca, chega perto dela e fala:

— Você quer mesmo saber?

— Sim, eu quero!

— Então, seu conceito de mundo vai mudar, tudo o que você acredita de realidade vai ser refeito e isso não tem volta. — completa o professor.

— Sim, eu quero! — Rebeca repete a resposta com muita ansiedade e insistência.

O professor se levanta, vai até à frente de uma lousa antiga e muito usada. Apaga um monte de rabisco que parecia que foram escritos há muito tempo e diz:

— Então, vamos começar o trabalho, mas já aviso logo, você precisará voltar aqui mais vezes e, se eu perceber desinteresse, eu paro.

Rebeca pega o seu *notebook*, desses de adolescentes cheios de adesivos, e o abre.

O professor inicia com uma pergunta:

— Por que você usa este *notebook*?

Ela não entende a pergunta, mas responde:

— Ele me ajuda a registrar as matérias e a pensar melhor.

— Errado! — responde o mestre.

A moça se assusta e insiste em uma resposta errada, com uma pergunta tola:

— O *notebook* me ajuda a digitalizar o seu trabalho?

Ele responde por ela:

— Errado, ele automatiza o que é difícil para você fazer, por exemplo, armazenar as informações e indexar os dados. Você concorda que poderia fazer isso usando apenas cadernos?

E sem dar chance de mais respostas para a garota, mantém a sua explicação:

— Você sabe que o problema é que teria que usar uma pilha de cadernos para isso e ficaria muito difícil para você procurar as informações e usá-las novamente.

Conclui o professor:

— É isso o que está acontecendo no mundo. É a digitalização do trabalho que o homem precisa que aconteça e que ele não consegue fazer, porque ou é muito custoso ou tem muita dificuldade para realizar. Mas preste atenção, muitas atividades que estão sendo digitalizadas seriam de direito para o homem fazer, mas para que certas empresas tenham mais lucros, estão retirando do homem e passando para a as máquinas. É aí que está o problema!

Ele mantém a aula:

— Deveríamos insistir na coexistência, porque a tecnologia é uma conquista da humanidade pelo desenvolvimento da ciência e dos conhecimentos em diversas áreas importantes, e não do lucro e do sistema financeiro.

O professor chega perto da moça novamente e pergunta:

— Você já ouviu falar da *Industria 4.0*?

Ela responde:

— Sim, mas poderia me falar mais.

Ele vira as costas, fica de frente para o quadro e rabisca um infográfico, por alguns longos e irritantes minutos.

Ela pensa consigo mesma:

— Mas por que tanto segredo e suspense?

E, como se estivesse retirando um peso das suas costas, o professor começa a sua explicação mais profunda:

— Em 2011, o governo alemão realizou uma pesquisa para tornar a sua indústria mais competitiva. O uso de tecnologias mais atualizadas ajudou incluir sensores nas máquinas para conectá-las à *Internet*, aperfeiçoando as plantas industriais com uma conexão de acesso à distância.

A aula continua:

— Essa atualização aproximou o *chão da fábrica* dos postos de gestão das empresas, com o uso da tecnologia remota. A indústria da Alemanha, que já era automatizada desde o advento da Segunda revolução industrial, foi aperfeiçoada na Era da digitalização — *a Era da Terceira Revolução Industrial* — e agora, na *Quarta Revolução Industrial*, com o advento da *Industria 4.0*, convergiu a indústria para uma autonomia digital, por robôs e *softwares*.

Rebeca, que estava muito atenta à explicação do professor, faz uma pergunta:

— Autônoma, você quer dizer, robotizada? Que trabalha sozinha?

Responde o professor:

— Sim, e a Inteligência Artificial *(IA)* tem tomado o mundo dos negócios. Quando usei como exemplo o seu *notebook*, citei o verbo digitalizou. A *Indústria 4.0* tem feito muito mais que isso. Tem transformado os trabalhos e as ferramentas em autônomas com o aprendizado de máquina e a conexão pela *Internet*, inaugurando a *Internet das Coisas* (IOT). Assim, as áreas das empresas podem ser geridas remotamente, eliminando postos de trabalho. Menos custos para as empresas, entende?

O professor manteve a sua explicação:

— Como você deve ter visto em nossas aulas, a ideia de robôs existe há mais de cem anos, quando foram pensados para serem os nossos operários. Mas, quem se perdeu nessa ideia foi o próprio homem, que criou um ser que o subjugasse, que concorresse com ele mesmo. E os robôs estão sendo usados no mercado de trabalho e em guerras contra os próprios seres humanos. Corremos um risco no domínio desse mundo.

A jovem questiona:

— Na mão de quem está o mundo dos homens? Das máquinas?

E veio mais uma pergunta que incomodou o professor Francisco:

— É impressão minha, ou agora temos um padrão de trabalho, gerido por uma única inteligência, capaz de acabar com os empregos e as funções no mercado, em detrimento de seus próprios interesses?

— Sim, no Brasil a responsável é a Elttil Digital S.A.

— Eu comecei o meu estágio nesta empresa.

O professor fica um silêncio olhando para a jovem, interrompe a aula e diz:

— Certo, preciso pensar, volte amanhã depois da aula, mas antes leia este livro. —Ele entrega o livro para a garota e sai deixando-a sozinha na sala.

Ele vira as costas e repete para a moça:

— Eu preciso pensar melhor! — E foi embora.

Rebeca olha para o livro e lê o título: *A quarta Revolução Industrial e a Indústria 4.0* (SCHWAB, 2016).

A jovem volta para casa com todo aquele conteúdo na cabeça, como se estive repassando tudo para uma prova.

Cada palavra do professor, cada exemplo, cada diagrama desenhado por ele, tudo aquilo voltava em seu pensamento, se juntando com as palavras de Rubert.

De tudo o que o Professor rabiscou na lousa, uma frase ficou cravada na sua memória: "A Quarta revolução Industrial é a *Indústria 4.0*, que vai transformar a nossa vida completamente com o passar de poucos anos".

E ela se lembrou também de uma seta na lousa, que indicava para a junção de algumas tecnologias que eram as responsáveis por fazer a *Industria 4.0* acontecer.

Uma frase escrita em letras garrafais: *TECNOLOGIAS HABILITADORAS*, eram as responsáveis pelo início desta mudança.

E ao lado a lista das tecnologias: Internet das Coisas *(IOT)*, *Big Data*, Impressão *3D* para a manufatura aditiva, *Cloud* ou computação na nuvem, sensores e atuadores, sistemas de simulação, sistemas de conexão entre máquinas, infraestrutura de comunicação, manufatura híbrida, robótica avançada e inteligência artificial. Como as que Rubert citou na conversa com Rebeca.

Ela sobe no ônibus, pega o seu cartão de passagem e encosta no leitor de cartão.

Nesse momento, ela percebe que é um aparelho autônomo que libera a catraca. Olha para o cobrador e vê um homem totalmente sonolento, sem nenhum trabalho complexo para realizar a não ser apenas acompanhar se o mecanismo estava funcionando.

Talvez apenas vigiasse para que ninguém pulasse a catraca ou até para resolver algum problema. Coisa que normalmente não acontecia, porque poucas pessoas utilizavam dinheiro para que o cobrador pudesse contar.

De repente, ela escuta uma voz:

— E aí, moça, você vai passar? Precisa de ajuda? Você vai perder a sua passagem e vai ter que passar de novo o cartão.

Era o cobrador do ônibus reclamando da fila que ela gerou com tanta contemplação e espiritualidade, como se estivesse paralisada.

Ela se lembrou das palavras do professor: "então, seu conceito de mundo vai mudar. Tudo o que você acredita de realidade será refeito e isso não tem volta".

Rebeca volta o olhar para o cobrador, suado, com cara de sono, chacoalhando-se com os movimentos bruscos do ônibus, causados pelas ondulações do asfalto de São Paulo, que, apesar de tanta tecnologia, era um problema centenário da cidade que nunca conseguiram eliminar.

Ela pensa consigo mesma: pobre cobrador de ônibus, mal sabe ele que essa maquininha que ele zela tanto, tem o poder de substituí-lo, é só uma questão de tempo.

Assentada num banco do ônibus, sua mente viaja para uma nova forma de pensar das coisas: eu imagino um mundo onde proprietários de empresas e produtos, desenvolvedores de aplicativos e sistemas, controladores de qualidade, operações e analistas de TI e processos, trabalhem juntos. Não apenas para ajudar uns aos outros colaborativamente em uma empresa, mas também para garantir o sucesso de toda uma sociedade, isso seria o trabalho de uma eficaz *Engenharia Social* motivada pela digitalização.

Ela continua em seu pensamento: trabalhando em direção a um objetivo comum, podemos permitir o fluxo rápido do trabalho planejado para a produção, ao mesmo tempo que alcançam estabilidade, confiabilidade, disponibilidade e segurança de classe mundial.

Ela sabia que no conceito do comercio mundial atual a tecnologia passou a ser uma mentalidade, uma cultura, além de um conjunto de práticas e técnicas. A tecnologia fornece comunicação, integração, automação e cooperação entre todas as pessoas necessárias para planejar, desenvolver, testar, implantar, lançar e manter uma solução para ajudar os seres humanos em suas atividades pessoais e profissionais.

Na mesma hora, ela se lembra de seu pai e liga para ele:

— Pai, tudo bem? Como está o trabalho?

Esbraveja o velho motorista:

— Está pior do que antes! Acho que este aplicativo atrapalhou nosso trabalho. As pessoas agora entram na nossa sala, esperam a gente, mas saem reclamando muito mais, porque não estamos conseguindo parar no ponto para pegá-los.

E, como sempre fazia quando estava bravo, finalizou a ligação dizendo apressadamente:

— Depois conversamos!

Rebeca aproveita o momento e liga para a amiga Melissa:

— Olá, como estão as coisas aí? E as entregas?

Melissa responde com certo tom de cuidado:

— Gostaria de falar com você.

Responde Rebeca:

— Podemos falar agora? Estou sem tempo de me encontrar com você.

Então, Melissa fala:

— Não vamos mais usar o aplicativo, ele gera muita demanda e não estamos conseguindo atender, pois gerou mais demanda do que antes.

Rebeca pergunta:

— Mas como vocês vão fazer para competir com os aplicativos?

Melissa fez uma pausa na explicação, toma coragem e continua:

— Nós não vamos competir, vamos trabalhar com os aplicativos de entrega.

Fica um silêncio entre as duas e Rebeca só responde uma pequena frase:

— Eu entendo perfeitamente!

E a ligação se encerra.

Rebeca enche os olhos de lágrimas e como num gesto de desespero, desce do ônibus bem antes da parada que sempre descia e vai andando para pensar melhor.

Ao chegar em casa, encontra a casa sem ninguém e ela pensa: ótimo, preciso ficar sozinha.

Ela pega o livro que o professor lhe deu e continua sua leitura: "O maior legado da *Industria 4.0* é o uso exponencial da gestão orientada a dados pelas organizações. Sem o uso dos dados não haveria integração de sistemas. No momento em que os processos da indústria foram integrados aos sistemas de gestão integrados, todos os dados de produção passaram a ser geridos em tempo real pelas pessoas que tomam decisões. E com o avanço da tecnologia, as máquinas receberam o poder, pela *Inteligência Artificial* com os códigos padronizados, para tomar decisões pelos seres humanos. Esses dados foram transformados em dados digitais, compartilhados ao redor do mundo em uma velocidade altíssima e confiável para criar uma estratégia comercial autônoma inteligente. Além de suportar a substituição de todas as interfaces e processos de uma empresa".

Ela vira a página e o título se tornou muito convidativo: "A transformação digital da sociedade".

O livro dizia para Rebeca o caminho para que ela pudesse responder a sua pergunta sobre os padrões de atuação das máquinas: "As análises e cálculos criam modelos de previsão, que oferecem padrões de atuação nas execuções dos processos automatizados. Este aspecto ajuda as empresas a prever os resultados e antecipar as ações dos clientes, ajudando as empresas a oferecer produtos mais personalizados, de forma que possam fidelizar os clientes e ganhar da concorrência".

É como se a resposta coubesse exatamente ao dilema da Rebeca:

— Então, eu estava certa, existe um padrão! Agora é só comprovar que quem está por trás desse padrão todo é a Moravech e a Elttil.

Os meses foram se passando e ficava mais difícil dos motoristas trabalharem. O aplicativo que deveria ajudar, gerou mais reclamação e desistência por parte dos clientes. Mesmo assim, mantiveram o aplicativo, pois além de agilizar e organizar as viagens, digitalizou a gestão do ponto e passou a ser utilizado como uma ferramenta de gestão entre motoristas e o contador.

Porém, eles continuaram a trabalhar fora dos aplicativos de transporte.

O ano se passou, as dificuldades dos trabalhadores foram se intensificando e a normalização com o uso do aplicativo realmente aconteceu.

E Rebeca conseguiu o que ela queria. Garantiu o movimento do ponto de táxi e o seu emprego de pesquisadora para atuar em projetos e escrever conteúdos sobre tecnologias digitais para o *site* de pesquisas sobre Tecnologia da Elttil S.A, chamado *Earcth*.com. Ela era responsável pelo conteúdo digital de um blog dessa revista digital.

Para ela, o trabalho no ponto de táxi passou a ficar em segundo plano, porém controlado, de forma que gerava o mínimo para os motoristas trabalharem e ganharem o sustento com qualidade de vida.

A saída para resolver o problema foi contratar uma auxiliar de escritório para trabalhar na gestão do sistema que a Rebeca deixou.

Toda essa mudança digital se completou no seu pensamento sobre inovações. No seu entendimento, um produto só é uma inovação quando satisfaz a necessidade das pessoas e quanto maior é o alcance dos seus benefícios para a sociedade, mais útil e disruptivo se torna. Pois só assim tem a capacidade de mudar o ambiente que está no seu contexto de consumidores.

Ela percebeu outro aspecto muito importante que era diferente dos anos anteriores. Quanto mais barata, acessível e menos custosa para as pessoas era a inovação, mais consumidores alcançará e, assim, mais lucrativa se torna. Antes tudo era mais caro, até os brinquedos.

Ela se lembrou da sua infância, quando queria muito ganhar dos seus pais uma casinha de brinquedo — era grande, bonita, com uma aparência forte e luxuosa — sempre pedia a vermelha e rosa, mas como era muito cara, nunca pode tê-la e aceitou uma mais simples. Atualmente, os produtos são melhores, mais sofisticados, mais diversificados e muito mais acessíveis.

Enfim, a jovem teve a compreensão exata sobre disrupção quando começou a trabalhar na empresa.

Ela visitava a filial de edição que era situada no bairro Pinheiros, em São Paulo. Havia uma janela grande que ficava virada para praça do Largo da Batata e ela notou um fluxo enorme de patinetes elétricos passando pela ciclovia da Avenida Faria Lima. Com o passar dos meses, eram tantas que formava trânsito e filas de patinetes. Até engarrafamentos e acidentes aconteciam, tanto que a prefeitura tentou colocar regras de utilização da disrupção.

Rebeca comentava:

— Uma inútil tentativa de controlar a mudança.

Notou que quanto mais pessoas utilizavam, mais barato ficava alugar um patinete e se locomover do bairro da Lapa, passando pela zona Oeste, até a zona Sul da cidade, por apenas R$1,50 a cada quinze minutos de utilização.

Rebeca se deliciava quando andava com os patinetes nos dias de sol, dispensava os ônibus lotados, o quente trem da Marginal Pinheiros, por uma mistura de passeio de patinete e caminhada.

Nada substituía chegar no trabalho com a cabeça tranquila, feliz e descansada, afinal, ela não queria andar nos ônibus lotados, num trânsito travado, quente, passando por apuros em assaltos e, muitas vezes, abusos e forçadas de barras de homens sem noção e mal-educados que frequentam esses transportes lotados.

A mudança que a tecnologia estava trazendo para a garota era muito boa, porém, a cada lembrança dos impactos no trabalho do pai, a trazia novamente para o seu mundo real.

É claro que, como toda adolescente paulista, havia os momentos de uma vida virtual que aproveitava o mundo digital como se estivesse num mundo perfeito, sem dores, programado em *bits* e armazenamento das nuvens. Esse mundo competia com a vida real da garota, que tinha uma vida de dificuldades e obstáculos, com feridas que as vezes demoravam para ser cicatrizadas.

Quando os patinetes estavam todos sendo usados, era muito simples de resolver o problema. Rebeca abria o aplicativo no *smartphone* lia o *QRCode* nas bicicletas que estavam espalhadas por toda a cidade e trocada facilmente os patinetes por elas.

Rebeca dizia:

— Nossa, tem até uma cestinha na frente, como as bicicletas que eu usava quando era uma pequena menina.

Os aplicativos de mensagem instantânea vieram para ajudar a vida da moça feliz e sonhadora. Eram tantos passeios arranjados com os amigos.

As redes sociais vieram para ficar. Mostrava que a vida dela era incrível, sem dores, de princesa.

Muitas vezes era a hora de contestar, combater o mal do mundo, de protestar contra a cultura sexista e machista, contra a fome e violência do mundo.

Havia, também, os momentos que era a hora de desabafar, como se o mundo inteiro que estava conectado fosse o seu melhor amigo.

Rebeca contava alguns dos seus segredos, medos, e seus pontos de vista para esse amigo chamado *Internet*.

No trabalho, ela se relacionava com todos da empresa e se tornou líder de metodologias ativas. Ela levava as equipes para as salas de reuniões, abusava dos recursos áudio visuais, das plataformas de comunicação e quadros on-line. Realizava muitas dinâmicas de grupo, estava cada vez mais hábil em suas qualidades técnicas.

Seu mundo estava quase perfeito, a não ser em seus dilemas pessoais: humano *versus* máquina.

Por muitas vezes ela perguntava para si mesma:

— Qual caminho devo seguir? — O seu trabalho a ajudava a se manter no mundo real.

O projeto de criação de *chatbots* para que os clientes pudessem conversar com os aplicativos de mensagens instantâneas foi um grande sucesso e proporcionou a empresa a economia de muito dinheiro. Primeiro a possibilidade de medir a experiência do cliente com o uso dos dados e em segundo a rapidez e a substituição dos processos administrativos e operacionais.

Até que veio duramente a realidade da vida:

— Nossa, fui responsável pela demissão de uma área inteira de atendimento ao cliente.

Ela havia acabado de sair do banheiro da empresa, depois de chorar muito com a culpa na sua consciência, quando o diretor a chama para uma reunião.

Chegando na sala, havia muitas pessoas em uma mesa grande e retangular.

O diretor diz:

— Rebeca, estamos muito orgulhosos com a sua performance e viemos aqui em público anunciar a sua promoção para líder sênior de tecnologia digital.

Ela olha ao redor e vê as palmas e declarações de sucesso.

Rebeca agradece a todos, se emociona e, como se fosse um remédio para a sua alma, se esquece de toda a tristeza que estava passando.

Devido ao sucesso ela recebeu novos projetos e um, que era prioritário, chamou a sua atenção: contabilidade cognitiva?

Sua gerente diz:

— Sim, Rebeca, esse projeto vai ser o seu degrau para o futuro e o impulsionador da sua carreira. Você será responsável por substituir todos os times de análise contábil pela utilização de *softwares*, que realizarão o trabalho das pessoas do setor de contabilidade.

Cada vez mais, Rebeca ia se acostumando com um mundo mais digital, fugaz, substituível e frio.

Seu usuário do aplicativo de conexões profissionais estava cada vez mais famoso. Já era estava entre os Usuários Top. E a cada postagem que ela publicava, recebia outros adeptos como conexão.

O mundo digital era o seu amigo, todas as pessoas do mundo a conheciam.

A vida estava perfeita, mas uma coisa não batia com a realidade: seus pais e o seu irmão não faziam mais parte do seu mundo.

Ela percebeu que apesar de amigo, o mundo digital não a conhecia e sua família não sabia mais quem era a Rebeca daquele momento.

Ela era a digital ou a analógica?

Começou a namorar um rapaz do trabalho. Ele era gentil e muito romântico. Ela não parava mais em casa.

Jorge e dona Patrocínia a chamavam para jogar cartas, mas a garota não tinha mais tempo. Tinha que sair com o namorado.

Até que em um dia, como outro qualquer, ele sumiu. Desapareceu. Ele terminou com a moça por uma mensagem instantânea. Foi uma paulada no seu coração.

Foi a hora do desabafo nos ombros do seu amigo *Internet*. Apenas ele sabia da sua dor.

As redes sociais foram um grande facilitador nesse momento, ajudava-a nas baladas, bares e encontros com as amigas. Foi das fotos e *selfies* para a cara de felicidade. Só que não!

Era a vez da jovem voltar do mundo virtual para afogar as suas mágoas no mundo real. Em uma postagem na sua página pessoal, ela recita uma poesia daquela banda que sempre está na hora certa e na hora "H":

O mundo mudou com você,

Será que vai ser para valer?

Seu sorriso é mais raro,

Seu abraço mais caro.

Eu não sei o que fazer,

Mas, espero seu amor renascer.

(Espera amor – Antonio Sergio Martins Junior)

Rebeca se esforçava e crescia cada vez mais no seu trabalho. Ficou muito hábil e experiente, tinha sua vida profissional em uma mão e a vida pessoal na outra.

Ela tinha que fazer uma escolha e escolheu o trabalho e os patinetes. Era a liberdade de ter a própria vida diante dela mesma.

É claro que o negócio dos patinetes estava indo à falência por diversos motivos, sendo a depredação o fator que mais contribuiu. Várias empresas entraram neste mercado e veio a pandemia de 2020. Mesmo assim, a febre dos patinetes mostrou claramente para a jovem que as empresas que vão sobreviver serão aquelas que tem um produto tecnológico, barato e que gera solução aos problemas das pessoas.

Rebeca lia muitos autores, jornalistas e empresários que citavam que todo o planejamento das empresas foi deixado de lado ou revisados com a pandemia.

O mundo dos negócios estava sofrendo mudanças extremas e muitos tipos de trabalho estavam sendo descartados.

Para resumir o que a humanidade estava passando, a partir de janeiro de 2020 o mundo foi arrasado pela doença e a economia global entrou em recessão. Foi o começo de uma crise sem precedentes, sem fronteiras, sem classes sociais e ninguém pôde prever. A população de 180 países foi infectada em apenas 3 meses e os impactos sociais, humanitários e econômicos foram enormes.

Os muitos especialistas mencionaram que qualquer posição de planejamento a longo prazo e de calcular os impactos era mera especulação.

Rebeca estava estudando o cenário mundial, afinal este era o seu trabalho de pesquisadora. Ela avaliou os processos de transformação digital no mundo, desde 1998.

Em 2016, e a partir do início do surgimento da *Industria 4.0*, nunca houve tantos novos assuntos sobre inovações tecnológicas, e o tema disrupção surgiu no vocabulário das pessoas. Tanto nos grandes centros urbanos, quanto nas grandes regiões agrárias em que a tecnologia já estava presente com o *AgroTech*.

As instituições de ensino correram para publicar seus artigos científicos, foram tantas invenções digitais patenteadas e uma corrida mundial que fez com que as maiores economias do mundo concorressem tecnologicamente. Mas quem ganhou a corrida foi um vírus.

Ele colocou o mundo atrás da maior inovação que se poderia criar: uma vacina. E a gestão de um planejamento e um esforço mundial para que toda a população fosse vacinada.

O coronavírus foi responsável pela aceleração do processo de transformação digital no mundo todo.

Aconteceu muito mais inovações no ano de 2020, que em muitos anos anteriores à *Quarta Revolução Industrial* e os méritos não são dos gestores das empresas, é todo do coronavírus.

Toda essa mudança se repetiu ao citar o seu pensamento em uma palestra na empresa em que a jovem falava aos estagiários sobre inovação.

Rebeca colocou para fora a sua teoria, é claro, sem dar nomes, em que, no seu entendimento, um produto só é uma inovação quando satisfaz a necessidade das pessoas, e quanto maior é o alcance dos seus benefícios para a sociedade, mais útil e disruptivo se torna, pois só assim tem a capacidade de mudar o ambiente que está no seu contexto de consumidores.

De alguma forma, a tecnologia moldou a vida da Rebeca e deu para ela muitas possibilidades. As suas duas vidas paralelas, ofereciam possibilidades que estavam se complementando: a vida digital com sonhos e flores, e a vida real com experiência e dores.

Nesta altura da sua vida, não era mais preciso escolher entre uma e outra.

A ordem era apenas viver uma vida humana e digital.

OS DESAFIOS DE UMA COESISTÊNCIA

Num dia qualquer, Rebeca vai para a faculdade para entregar o seu trabalho de dissertação do mestrado. Ela pega a sua mochila surrada, cheia de *bótons* que denunciava a sua fase de inocência.

Apressadamente, vai para a sala do professor Francisco e encontra um recado, colado no velho quadro todo rabiscado. Eram os mesmos desenhos da última aula.

No recado estava escrito: "A lição de hoje é entender que todo processo de mudança tem as suas dores e desafios. Essas dores impactam as vidas das pessoas, áreas inteiras dentro das empresas e até destroem setores da indústria no mercado".

Rebeca se dirige até a secretaria da faculdade e diz:

— Estou procurando o professor Francisco.

A recepcionista pergunta:

— Ele é o seu orientador?

— Não, só quero revê-lo.

A recepcionista diz:

— Ele não está na faculdade nesse ano. Ele está fazendo o seu pós-doutorado em Planejamento da Qualidade no Japão. Aproveitando que você veio aqui, pegue este panfleto explicando que não teremos mais aulas de mestrado presenciais.

Rebeca se assustou e perguntou o motivo desta mudança. A recepcionista responde:

— Como ainda estamos em pandemia, fomos obrigados a realizar todas as aulas como remotas e os professores foram substituídos por professores virtuais. A faculdade comprou uma plataforma de ensino à distância de muita aceitação. Os alunos solicitaram que as aulas fossem realizadas *EAD*. Você sabe né? Ficou mais barato para a faculdade e mais prático para os alunos.

Rebeca guardou o recado do professor, como se fosse um presente muito valioso para a sua vida e uma mensagem de despedida.

Ela já não andava mais a pé ou de ônibus, tinha seu próprio carro. Antes de sair do estacionamento da faculdade e ligar o automóvel, pegou seu *tablet*, uma caneta digital e começou dizer em vós alta algumas anotações que estava fazendo:

— Ainda estamos passando pela pandemia e algumas tendências já apontam para as que irão se manter após esta fase. As reuniões de trabalho se manterão remotas, com a ida física aos escritórios diminuídas. Haverá muitas melhorias nos *softwares* e as suas funcionalidades ajudarão mais as pessoas por causa da virtualização dos ambientes.

Ela continua:

— Os escritórios serão compartilhados com outras empresas e até com profissionais autônomos. Isso devido à mudança para o modo híbrido de comparecimento, os imóveis comerciais estarão esvaziados e mais baratos. Os colaboradores das empresas irão cada vez mais por morar em lugares fora dos grandes centros urbanos. Crescerá a colaboração com o comércio local e as pessoas cada vez menos irão se locomover para o trabalho.

Ela mantém o pensamento:

— Surgirão mais serviços e comércio locais promovendo as comunidades e bairros. O medo de novas infecções vai manter as pessoas mais dentro de suas casas. Para manter a economia surgirão novas soluções, que darão garantia de não ocorrer o retrocesso nessas mudanças. Estaremos mais preparados para as outras epidemias. E as autoridades no assunto estão prevendo que o intervalo entre estas crises serão infinitamente menores do que as que já ocorreu no mundo. Fica o desafio para os empreendedores: aproveitar as oportunidades que os impactos que a pandemia está causando do mercado. Eles devem aproveitar o momento para buscar novas formas de alcançar oportunidades, que antes era muito difícil por causa dos bloqueios que os líderes dos mercados mantinham para bloquear novos entrantes. Hoje os mesmos líderes estão passando pelas dificuldades causadas pela pandemia.

Rebeca faz um destaque na anotação com a seguinte frase: "Fica aí uma dica!".

E continua:

— O tema disrupção precisa ser mais bem discutido na sociedade, pois existe um entendimento de que trata apenas de assuntos tecnológicos. Esta visão é um grande engano, porque a disrupção é a mudança do estado atual dos negócios que geram transformações severas. Uma nova tecnologia é capaz de destruir negócios para incluir outro...

Nesse momento, ela para e se lembra do exemplo dos motoristas de aplicativos que transformaram o mercado de transporte privado e impactaram os postos de trabalho dos taxistas.

E continua:

— Mas isso também pode acontecer com a criação de um novo método e uma nova profissão no mercado. Da entrada uma empresa em uma cidade, assim como a saída de uma empresa em uma cidade grande ou pequena, tem o poder de gerar disrupção. Uma outra mudança é a adoção de *home office*, que até pouco tempo atrás não era tão aceito pelos gestores. É outra mudança que vinculam apenas à tecnologia. Não! Essa é uma mudança comportamental que usa a tecnologia para fazer acontecer, porém, poderia ser realizado por telefone apenas.

A jovem se pergunta:

— Não era assim antes? O *home office* é tão comportamental que foi necessário criar políticas de recursos humanos e leis trabalhistas para a sua utilização nas empresas. As aulas *on-line*, *lives* de programas musicais, outras formas de estudo à distância como o conceito de *MOOC*, uso do *podcast*, vendas motivadas pela virtualização dos espaços, como na área imobiliária, visitas virtuais a museus, a volta dos cinemas e eventos *drive-in*, são todos exemplos de mudanças, mudanças aceleradas pela pandemia. O primeiro passo importante para que as pessoas possam acompanhar as mudanças é aprender que elas acontecem por causa da adaptação da sociedade ao mínimo sinal de caos, isto é, sempre tem um tipo de estímulo que é dado pelo mercado que demanda novas tecnologias.

Rebeca finaliza a sua anotação e fala:

— As mudanças sempre acontecem por causa das necessidades da sociedade. Por isso é muito importante as pessoas saberem passar pelas dificuldades, com uma visão otimista para encontrar oportunidades de sobrevivência que geram negócio.

Nessa altura, Rebeca já era uma gerente da área de inovação na empresa e recebeu uma convocação para organizar uma reunião geral para a visita do presidente mundial, Mr. Little More.

Ela realizou o trabalho incrivelmente. Com muitos recursos áudio visuais e ferramentas digitais de conexão remota.

Recebeu o presidente, que durante a sua explanação citou o bom trabalho da então mulher dos negócios, Sra. Rebeca Martins. Ela saiu da sala de reuniões muito orgulhosa de si mesma.

No corredor, sozinha, e enquanto estava aguardando o elevador, pegou um espelho para retocar a maquiagem.

O reflexo do espelho mostrou um cartaz que ela mesma pediu para que os estagiários espalhassem pela empresa com o nome do presidente.

E, ao ver o reflexo do cartaz no espelho, notou que o nome do presidente, com o efeito reverso da imagem, constava como Mr. Elttil.

Rebeca levou o maior susto de sua vida, pois descobriu que o Sr. Little, era na verdade, Mr. Elttil.

O suspense estava no ar para quem via o presidente da empresa vindo no corredor na companhia do Sr. Rubert. Nesse mesmo momento, a garota ouviu uma voz vindo do final do corredor, que dava para a sala onde o verdadeiro Mr. Elttil estava.

Era uma voz conhecida e convidativa. A voz a deixou mais segura, como se fosse uma voz salvadora e que afagava todas as suas angústias e medos.

A voz foi chegando mais perto, mais perto, cada vez mais perto, até que ela sentiu uma mão macia em seu ombro que a vez virar de forma repentina.

Rebeca acorda do seu sono profundo, enrolada no cobertor. Era um sonho, muito profundo e angustiante.

Nesse sonho, ela passou por tudo o que ela aprendeu para a prova da faculdade da matéria de tecnologia do professor Francisco, que estava estudando.

Ela se levantou, dá um abraço em sua mãe que estava assentada ao seu lado, que diz para a filha:

— Tudo bem com você? Estava gritando, se mexendo demais enquanto dormia. Foi um pesadelo?

Seu pai, Jorge, entra no quarto com o jornal na mão, aberto na matéria de tecnologia e pergunta:

— Rebeca, esses jornais estão cada vez mais complicados de se ler. Sabe o me quer dizer o que são motoristas de aplicativo?

Ela dá um sorriso para o pai e responde:

— Pai, são coisas novas que você vai ter que aceitar.

Ele levanta as grossas sobrancelhas e diz:

— Estou velho demais para aprender coisas novas.

Rebeca responde, com muito amor, porém com certa ironia:

— Pai, aprendi que a intolerância é consequência natural do complexo. — E ela se lembra da citação em "*Os novos Robôs*" de Asimov, Isaac de 1973.

CONCLUSÃO

Como eu gostaria de entrevistar a jovem Rebeca.

Se fosse possível, faria isso em dois momentos distintos: antes e depois das suas experiências com um mundo totalmente novo, extremamente interessante e digital. Só para saber as mudanças que ocorrerão em sua vida.

Por isso, deixo aqui uma pergunta, propositalmente sem resposta: ao acordar do sonho que levou Rebeca para a sua maior aventura e ao olhar para as mudanças tecnológicas que estavam acontecendo, será que a vida dela dali para frente foi diferente?

Se eu pudesse extrair as informações dos pensamentos dela, eu entendo que poderia complementá-las com as do cérebro positrônico digital do hard disk de Aelle.

Afinal, quando Rebeca instalou seus aplicativos de redes sociais em seu smartphone e cadastrou as suas informações pessoais, deu vida ao robô.

A cada foto, mensagem e status diários gerou uma fonte rica e as ofereceu ao mundo todo e de forma gratuita.

São posições inseguras sobre a sua essência, porém, ao mesmo tempo, informações firmes sobre o seu comportamento. A informação valiosa para o mercado é o comportamento das pessoas, que podem gerar muitas oportunidades de negócio.

Essas informações denunciavam quando ela estava deprimida, apenas triste, muito alegre, amando, solteira, tranquila, curiosa, em qual mês ela esteve mais preguiçosa e todas as suas angústias ao buscar as suas respostas sobre a vida.

Mas, qual o problema nisso? Foi ela mesmo quem abriu as portas da sua vida para todas as pessoas do mundo e assumiu o risco.

É assim que as outras pessoas fazem na Internet e por isso cada uma delas tem uma Aelle de si mesma.

Eu tomei a coragem de perguntar para a minha filha, de 7 anos de idade: o que era um robô?

E ela me respondeu: "Papai, são homens feitos de ferro, cheios de fios, que machucam a gente".

Eu achei a resposta incrível, por ser a mesma resposta dos adultos de hoje, além de ser a mesma desde 1920.

Afinal, o que este livro gostaria de responder foi: o que é a tecnologia digital? O que são os robôs? E o que são as redes sociais?

Podemos, então, aceitar que a tecnologia é o conjunto de técnicas e habilidades que usamos somando a métodos e processos para produzir alguma coisa e realizar serviços. Entre o caderno de papel e o notebook da Rebeca, existiam entre eles detalhes biológicos e eletrônicos.

Seria a relação entre o caderno e o notebook um aumento da entropia? Não, pois o caderno não pode ser transformado em um computador por não haver nele elementos físicos o suficiente, são coisas totalmente diferentes. Porém, levando em conta apenas a aplicação prática, podemos até insistir numa discussão mais acalorada e muito interessante.

Os robôs são dispositivos eletromecânicos capazes de trabalhar de maneira autônoma ou pré-programada. Aos que lutam contra os robôs, cuidado com os seus aparelhos de micro-ondas, eles podem tomar o seu lugar na sua cozinha.

A digitalização é um processo pelo qual uma imagem ou sinal não analógico é transformado em código digital para o uso de uma tecnologia. Tomemos como exemplo um robô ou um micro-ondas quando nós o programamos para cozinhar um alimento.

Esses aspectos nos mostram como a tecnologia é abrangente e necessária para o avanço da sociedade e pode causar disrupção.

Quando Rebeca criou seus perfis nas redes sociais, e mesmo fazendo de conta que não percebeu, criou um mundo digital e paralelo ao seu, com um usuário que podemos considerar ser o seu gêmeo digital.

Cabe lembrar aqui que os gêmeos podem ser idênticos por fora, mas podem não ser iguais em sua essência. Pode então faltar em um clone elementos do ser original?

Nas redes sociais, ela interagia com muitas outras pessoas que, como ela, informavam apenas o que as interessava mostrar. Sendo assim, todas elas têm uma Alelle de si mesmas.

Para realizar os seus objetivos de curiosidade, Rebeca fez investigações científicas e descobriu que a tecnologia foi utilizada como conhecimento técnico, processos e similares para criar um robô, como uma máquina, autômato de aspecto humano e cérebro positrônico digital, capaz de se movimentar e de agir como uma pessoa e ser parecida com uma pessoa.

As informações iniciais e vitais para a vida deste robô foram alimentadas pelas redes sociais de seu gêmeo digital. Isso nos leva a pensar que é o ser humano que alimenta as informações mais elementares das plataformas de tecnologia.

Sendo assim, podemos concluir que estamos tão acostumados com os robôs que precisamos mais deles do que podemos imaginar.

LISTA DE REFERÊNCIAS

ASIMOV, Isaac. *Os novos Robôs. 3.* ed. Editora Expressão e cultura, 1973.

BITKOM, R G. Implementation Strategy Industrie 4.0: Report on the results of the Industrie 4.0 Platform. *Bitkom*, [*s. l.*]. Disponível em: https://www.bitkom.org/Bitkom/Publikationen/Implementation-Strategy-Industrie-40-Reporton-the-results-of-the-Industrie-40-Platform.html. 2016. Acesso em: 25 out. 2019.

GATES, Bill. The Blog Of Bill Gates. What will the world look like after COVID-19?. *Gatesnotes*, [*s. l.*]. . Disponível em: https://www.gatesnotes.com/Podcast/What-will-the-world-look-like-after-COVID-19. Acesso em: 14 out. 2020.

KARGEMANN, Henning. Recommendatins for implementing the strategic initiative INDUSTRIE 4.0. Acatech – National Academy of Science and Engineering. Alemanha, 2013.

KIRKPATRICK, Sale; Addison-Wesley. Rebels Against the Future: The Luddites and Their War on the Industrial Revolution: Lessons for the Computer Age., 17 de abril de 1996 - 336 páginas

SCHWAB, K. *A quarta revolução industrial*. Tradução de Daniel Moreira Miranda. Edipro. Título original: The Fourth Industrial Revolution. São Paulo: Edipro, 2016.

West, Darrell. *What happens if robots take the jobs?* The impact of emerging technologies on employment and public policy. Brookings Institution Press, 2015.